AF672362

ÜBER REGENWASSERVERSORGUNG

UNTER BERÜCKSICHTIGUNG DER ERFAHRUNGEN MIT EINER ZISTERNEN-ANLAGE IM HYGIENISCHEN INSTITUT ZU KIEL.

HABILITATIONSSCHRIFT

ZUR

ERLANGUNG DER VENIA LEGENDI

IN DER

HYGIENE UND BAKTERIOLOGIE

DER

HOHEN MEDIZINISCHEN FAKULTÄT

DER

KÖNIGLICHEN CHRISTIAN-ALBRECHTS-UNIVERSITÄT ZU KIEL

VORGELEGT

VON

DR. JUR. ET MED. GERHARD WAGNER,
ASSISTENT AM HYGIENISCHEN INSTITUT ZU KIEL.

LEIPZIG
VERLAG VON VEIT & COMP.
1917

Sonderabdruck aus
Zeitschrift für Hygiene und Infektionskrankheiten. Bd. LXXXV.

Druck von Metzger & Wittig in Leipzig.

Das Bedürfnis und die Gewohnheit, atmosphärische Niederschläge (Regen, Schnee) aufzufangen und als Trink- oder Gebrauchswasser zu verwenden, haben sich aus dem Altertum durch alle Zeiten bis in die Gegenwart erhalten. Dies dürfte ebensosehr darin seine Erklärung finden, daß neben dem Schöpfen von Oberflächenwasser das Auffangen des Meteorwassers die einfachste Art des Wassergewinnung darstellt, wie auch in der Überzeugung und Erfahrung, daß das vom Himmel strömende, mit der Erde noch nicht in Berührung gewesene Wasser von besonderer Reinheit und Güte sei.

Wenn man nicht jedes von einer undurchlässigen Erdschicht ausgekleidete Wasserloch als Zisterne betrachten, sondern unter einer solchen nur „in die Erde gegrabene oder gebaute offene oder bedeckte Behälter, welche dazu dienen, Regenwasser zu sammeln und aufzubewahren“ [Oesten (3)] verstehen will, so sind wohl die aus der Zeit Salomos stammenden umfangreichen Zisternenanlagen in Palästina als die ältesten Zeugen einer in diesem Falle bereits zentralisierten oder doch wenigstens als Gruppenwasserversorgung gedachten Zisterneneinrichtung anzusehen. Einer etwas späteren Zeit dürften die Zisternen Karthagos, die zurzeit für Tunis benutzt werden [Néel (54)], ihre Entstehung verdanken. Aber nicht nur für mehr oder weniger große Gemeinden, sondern auch für den einzelnen war „Jupiter Pluvius“ der Wasserspender. Nach Lübker (26) zeigt das einzige Beispiel eines erhaltenen griechischen Privathauses eine

Zisterneneinrichtung. Auch das in der Mitte des „Atrium“ sich öffnende „impluvium“ des römischen Wohnhauses war eine vom architektonischen Standpunkte sehr geschickt angeordnete Sammelstelle für das von dem Dache strömende Wasser, das in einem kleinen Becken aufgefangen wurde und auch mehrere Zisternen speiste, so daß sowohl für den Gebrauch wie für Trinkzwecke gesorgt war. Man kann annehmen, daß infolge der geringen Luftverunreinigungen in jenen industriearmen Zeiten und der im allgemeinen ebenerdigen Bauart, die eine Beschmutzung der Dachflächen von höher gelegenen Stockwerken ausschloß, das Regenwasser vom hygienischen Standpunkte aus auch ohne Filtrationseinrichtungen zum menschlichen Genuß nicht ungeeignet war. Und so werden es weniger Bedenken hinsichtlich der Güte als vielmehr der Menge des so erhaltenen Wassers gewesen sein, die schon frühzeitig in Rom zur Anlage der vielbewunderten Aquädukte für die erst in neuester Zeit wieder erreichte Fernwasserleitung geführt haben.

Der allgemeine kulturelle, wirtschaftliche und hygienische Niedergang im Mittelalter hat auch die Wasserkunst in seinen Bann gezogen und an die Stelle der gemeinschaftlichen wieder die Einzelwasserversorgung gesetzt. Bei uns im Norden dürften namentlich die zahlreichen aus dieser Epoche stammenden Burgansiedelungen schon infolge ihrer Lage auf überragenden Gipfeln eine Speicherung des Regenwassers zum mindesten für den nicht seltenen Fall der Belagerung nötig gemacht haben. An den Küsten des Mittelländischen Meeres finden wir heute noch gut erhaltene Burgzisternen aus jener Zeit, z. B. wird in der Internationalen Zeitschrift für Wasserversorgung (1915, S. 90) über eine umfangreiche derartige Anlage im Schlosse von Monako berichtet, die dem 16. Jahrhundert entstammt. Sie stellt ein von 9 kräftigen Pfeilern getragenes, unter dem Ehrensaal gelegenes Gewölbe dar, das einen Fassungsraum von 1700 cbm besitzt. Filtereinrichtungen waren anscheinend nicht vorhanden. Als Sammelfläche diente in ganz zweckmäßiger Weise häufig, wie ein der gleichen Quelle entnommenes weiteres Beispiel — die Zisterne des 1706 zerstörten Schlosses St. Hospice — zeigt, die oberste Plattform eines umfangreichen Turmes, von der das Regenwasser in die ausgedehnten Sammelbehälter unter dem Grundmauerwerk abfloß. Weiterhin war es die blühende Kaufmannsrepublik Venedig, die mit Rücksicht auf das durch ihre insulare Lage auf Alluvialboden verursachte Fehlen trinkbaren Wassers einen bestimmten Zisternentypus ausbildete, dessen Anfänge sich bis ins 14. Jahrhundert zurückverfolgen lassen. Die venetianische Zisterne, über die später noch ausführlich zu sprechen sein wird, war insofern ein Fortschritt, als sie der Sammlung des Wassers eine Filtration vorangehen ließ. Daß sie diese durch Nachahmung der durch Versickerung im Boden stattfindenden Reinigung des Wassers zu bewirken suchte, ist zweifellos ein gesunder Gedanke gewesen. Bis in die allerjüngste Zeit — erst vor kurzem erhielt Venedig eine Wasserleitung — haben Zisternen die Lagunenstadt mit Wasser gespeist. Ihre Zahl war beträchtlich: es soll 200 öffentliche und 1800 Privatzisternen gegeben haben.

Auch in der Gegenwart hat die Regenwasserversorgung keineswegs ihre Bedeutung verloren, denn wenn auch die Wasserversorgung durch Grundwasser oder zum mindesten durch ein von Hause aus unverdächtiges, möglichst sorgsam gereinigtes Oberflächenwasser das erstrebenswerte Ziel der Wasserhygiene darstellt, so ist doch für erhebliche Teile unseres Vaterlandes und für weite Gebiete des Auslandes die Gelegenheit zu einer solchen nicht gegeben; eine Untersuchung über die Möglichkeit, durch Anlage einer mustergültigen Regenwasserversorgung ein den Anforderungen der modernen Gesundheitspflege möglichst nahe kommendes Trink- und Gebrauchswasser zu gewinnen, ist also kein Anachronismus. Naturgemäß wird das Regenwasser nur da noch eine Rolle in der Wasserbeschaffungsfrage spielen, wo anderes Wasser gar nicht oder doch nicht in genügender Menge oder aber nur in unbrauchbarer Beschaffenheit zu erhalten ist.

Zwei gänzlich voneinander verschiedene Kombinationen geologischer Faktoren sind es, die eine Landschaft in diese schwierige Lage bringen. Einmal sind es Gegenden, in denen die oberste Bodenschicht undurchlässig ist, während die unteren Schichten kein Wasser oder doch nur schlechtes Wasser führen. Ein typisches Beispiel für diese Formation sind die Marschen der deutschen Nordseeküste. Diese stellen ein im Niveau des Meeres liegendes Alluvium der sie durchströmenden Flüsse dar. Auf einem Gebiete, das nach Durchbrechung des in früheren Zeiten durch die vorgelagerte jetzige Inselkette gebildeten Schutzwalles etwa den heutigen Watten entsprach, wurde durch Ablagerung von Fluß- und Meerschlamm unter dem Einfluß von Ebbe und Flut ein Neuland gebildet, das, den Meeresspiegel kaum überragend, durch Deiche vor Überschwemmungen geschützt werden mußte. Dieses Schwemmland besteht aus sogenanntem Schlick, d. h. aus Lehm, Sand und Kalk; unter dieser wenig durchlässigen Schicht liegt in etwa 20 m Tiefe eine Sandschicht, die den früheren Meeresgrund darstellt — eine Fortsetzung der weiter landeinwärts 10 bis 20 m höher gelegenen Geest. Über die Wasserversorgung in den Marschen oder wenigstens einem Teil derselben, dem Regierungsbezirk Stade, sind wir durch Finger (9) unterrichtet worden, während Guttmann (16) das gleiche Thema für einen kleineren Ausschnitt, den Kreis Hadeln, den westlich der Elbmündung gelegenen Teil des genannten Bezirks, behandelt hat.

Aus diesen beiden Darstellungen, die wohl für das ganze Marschgebiet verallgemeinert werden dürfen, geht hervor, daß die Brunnen gewöhnlich „ein hartes, salziges, eisenreiches Wasser von trübem Aussehen und schlechtem Geschmack fördern, das man weder als Trinkwasser noch als Gebrauchswasser im Haushalt, ja öfters nicht einmal zum Tränken des Viehes, sondern nur zum Scheuern und Spülen verwenden kann." Wenn man hinzufügt, daß es auch für letztere Zwecke wegen der durch seine Härte bedingten schlechten Seifenlöslichkeit wenig geeignet ist, so kann man wohl sagen, daß ein solches Wasser als in jeder Beziehung schlecht zu bezeichnen ist. Als Folge ergibt sich für die bessergestellten Besitzer, deren Häuser eine harte Bedachung haben, Aufsammlung des Regenwassers — lediglich zum Waschen und Kochen; „denn zum Trinken ist es wegen seines faden Geschmackes, seines Reichtums an Algen und kleinen Tieren und seines im Sommer oft fauligen Geruches nicht geeignet" [Finger (9)].

Alle anderen Marschbewohner sind für ihren Wasserbedarf auf den Inhalt der zahlreichen Gräben und kleinen Wasserläufe angewiesen, die überall die Marschen durchziehen und der Verunreinigung durch Abwässer aller Art ausgesetzt sind. Hierzu kommt, daß im Winter bei Frost und im Sommer bei großer Trockenheit auch diese Entnahmemöglichkeit beschränkt wird: „Während der langen Trockenheit 1904 und im Spätherbst 1907 war auf zahlreichen Marschenhöfen kein Wasser mehr vorhanden, und viele Wochen lang konnte die Wäsche nicht gewaschen, geschweige denn den Kindern ein Bad gegeben werden" [Finger (9)].

Einen weiteren, aus allerjüngster Zeit stammenden, wertvollen Beitrag zur Charakteristik der Wasserversorgung in den Marschen verdanke ich Herrn Dr. O. Tinschert, Kreisassistenz-Arzt zu Otterndorf in der Nähe von Cuxhaven. Derselbe teilt mir folgendes mit: „Für die Versorgung mit Trink-, Koch- und Waschwasser im Kreise Otterndorf und auch an der Unterelbe kommen folgende Bezugsquellen in Betracht: 1. Brunnen, 2. Hofgräben, die namentlich auf dem Lande häufiger sind und meist durch Regenwasser gespeist werden, 3. Regenwasser aus Zisternen. Sehr häufig sind Brunnen und Zisternen nebeneinander vorhanden. Bei Häusern mit Strohdächern, auf denen das Regenwasser versickert, ist man lediglich auf die Brunnen oder auf die Hofgräben angewiesen. Ist in letzteren der Wasserstand im Sommer infolge geringer Niederschlagsmengen niedrig, so gräbt man im Graben ein tiefes Loch, eine sogenannte „Kuhle", in der das Wasser aus den übrigen Gräben sich sammelt, und in die gegebenenfalls auch das Grundwasser eintritt. Die Zisternen zerfallen in solche ohne und solche mit Filtereinrichtung. Bei ersteren läuft das Wasser von den schiefergedeckten Dächern durch die Traufe in einen ausgemauerten unterirdischen Raum, den sogenannten Wasserkeller; der sich ansammelnde Schmutz wird zweimal jährlich ausgeschöpft; Boden und Wände werden mit Bürste und heißem Wasser gereinigt. Der Zugang erfolgt durch ein sonst mit einem Deckel verschlossenes Einsteigeloch. Die Entfernung des Schmutzes sowie die Säuberung der Wände, besonders des Bodens, ist eine oft sehr mühsame und umfangreiche Arbeit. Bei den Filterzisternen ist zwischen Wasserkeller und Traufe ein Filterkasten eingeschaltet, dessen Größe schwankt; in meinem Hause sind seine Maße: $^3/_4$ m breit, $^3/_4$ m hoch und 1·5 m lang. Die Filterkammer besteht aus einem hölzernen Gehäuse; sie ist gegen den Wasserkeller durch ein oder mehrere Siebe abgeschlossen. Als filternde Massen kommen in Frage: 1. Sand, Kies, zerschlagene Backsteine, schichtweise (von oben nach unten) übereinander gelagert; zweimal jährlich wird diese Filtermasse, in der sich oft Würmer finden, herausgeschaufelt und gewaschen, der Kasten wird ausgespült und die Siebe werden wieder gebrauchsfähig gemacht. Bei Filterzisternen erfolgt die Reinigung des Wasserkellers nur einmal jährlich in der oben geschilderten Weise. Die Höhe der einzelnen Schichten wird nach Gutdünken gewählt. 2. Holzkohle in Stücken, eventuell mit einem oder mehreren Schwämmen, darüber eine Schicht Kies; Reinigung wie eben beschrieben. 3. Säcke, z. B. Hafersäcke, die auf den Boden des Kastens gelegt und dann ausgebreitet werden, werden nur noch selten angewendet, müßten alle 8 Tage herausgenommen und gereinigt werden, da sie scheußlich stinken. Aus den Wasserkellern wird das Wasser mittels Pumpen entnommen, bei anhaltender Trockenheit tritt oft unangenehmer Wassermangel ein. Daß keine gehäuften Krankheiten vorkommen, erklärt sich daraus, daß die Leute fast nie ungekochtes Wasser zu sich nehmen, sondern stets gekochtes trinken in Form von Kaffee oder auch von kaltem Tee bei Erntearbeiten im Sommer. Auch eigengebrautes Bier wird viel genossen. In manchen Häusern finden sich außerdem noch Berkefeldfilter.“

An der richtigen Erkenntnis der hier vorhandenen schweren hygienischen Mißstände fehlt es, wie obige Mitteilungen beweisen, nicht; doch ist ihre Abstellung mit erheblichen Schwierigkeiten verknüpft. Z. B. würde angesichts der zerstreuten Lage der Marschenhöfe eine Abihlfe etwa in Form der Gruppenwasserversorgung von dem landeinwärts gelegenen Geestrücken her so erhebliche Unkosten erfordern, daß das Regenwasser für lange Zeit noch zum mindesten eine unterstützende Rolle spielen muß. Die Anlage von Tiefbrunnen ist an zahlreichen Stellen versucht worden, bei Bohrungen bis 50 bis 60 m Tiefe ist vielfach ein zwar klares, aber ungenießbar salziges

Wasser gefunden worden, auch tiefere Schichten versprechen nichts Besseres: „Auf dem Bahnhof in Otterndorf erbohrte die Eisenbahndirektion 1896 bei 100 m Tiefe eine ölig aussehende, widerlich riechende Flüssigkeit" [Guttmann (16)].

Da also wohl auch für die Zukunft mit der Notwendigkeit von Zisternenanlagen gerechnet werden muß, so erscheint es geboten, diese nach hygienischen Gesichtspunkten so auszubauen, daß Vorwürfe wie die oben mitgeteilten nicht mehr erhoben werden können. Mit verhältnismäßig geringem Kostenaufwand wird es sich erreichen lassen, daß mindestens im Notfalle ein erträgliches Trinkwasser aus der Zisterne geliefert wird.

Die geschilderten Zustände dürften auch in anderen, hydrologisch ähnlich gestellten Bezirken der Nordseeküste, wenigstens auf dem Lande, anzutreffen sein. Daß aber auch kleinere Städte noch heute in ähnliche Verlegenheiten kommen können, das zeigten die diesjährigen Verhandlungen der Stadt P. im Emsgebiet, in denen lebhaft darüber Klage geführt wurde, daß ein Teil der Bevölkerung zu Zeiten der Dürre auf Kanalwasser auch zum Trinken und zur Bereitung von Speisen geradezu angewiesen ist.

Von ganz anderem geologischen Charakter ist die zweite Gruppe der am Regenwasser wesentlich interessierten Gebiete. Starke Durchlässigkeit der oberen Bodenschichten läßt hier das Wasser schnell in große, praktisch unerreichbare Tiefen versickern. In Deutschland gehören hierzu besonders die Juragebirge im Süden unseres Vaterlandes, die nach A. Gärtner (13) über 10000 qkm decken. Zu ihnen treten noch weite Gebiete des Muschelkalkes und der Kreide. „Dort rauschen unterirdische Ströme in Grotten und Höhlen, dort brechen starke Quellen in den tiefen Einschnittstälern an den tiefsten Stellen hervor, aber das Gebirge selbst ist wasserfrei." Auch hier ist also die Bevölkerung vollkommen auf Meteorwasser angewiesen, es sei denn, daß es, wie in der Schwäbischen Alb, einer großzügigen Organisation gelingt, Dörfer und Gemeinden zu Wassergenossenschaften zusammenzufassen, die unter Aufwendung erheblicher pekuniärer Mittel im Wege der Gruppenwasserversorgung Wasser aus den tiefen Einschnittstälern den auf der Hochebene gelegenen Teilnehmern zuführen. Doch ist eine solche Organisation nur für Gegenden geeignet, in denen nicht die Ansiedelung in Einzelgehöften, wie in der Marsch, eine überwiegende Rolle spielt.

Auch außerhalb unserer Landesgrenzen ist die Verwendung des Regenwassers zu Gebrauchs- und Genußzwecken noch weit verbreitet, und zwar vielfach gerade in Länderstrecken, die politisch und volkswirtschaftlich heute unser Interesse besonders in Anspruch nehmen. Die nachfolgende kurze Übersicht über die in der mir zur Verfügung stehenden Literatur enthaltenen diesbezüglichen Notizen kann natürlich auf Vollständigkeit keinen Anspruch erheben.

Folgen wir der deutschen Nordseeküste nach Westen hin, so treffen wir in den benachbarten Niederlanden in der Nähe der See ähnliche geologische Bedingungen wie in den Marschen. Herzner (17) teilte kürzlich aus einem Bericht der vor einigen Jahren neugeschaffenen Niederländischen Reichsanstalt für Trinkwasserversorgung folgendes mit, das völlig den in unserem Marschgebiet bestehenden Zuständen entspricht: „Die Trinkwasserversorgung des Polderlandes läßt viel zu wünschen übrig. Mit Ausnahme einiger Gemeinden, hauptsächlich solcher, die am alten Rhein liegen, und größerer Städte, besteht noch keine einheitliche Trinkwasserversorgung, sondern die Bevölkerung ist auf Regenwasser angewiesen und es ist klar, daß im Sommer dann zeitweilig Wassermangel eintritt, gar nicht zu reden von der wenig einwandfreien Aufbewahrung des Wassers selbst. Die Versuche, für einzelne Gemeinden eine Wasserversorgung zu schaffen, scheiterten daran, daß brauchbares Grundwasser nicht aufgefunden wurde, und daß brauchbare Entnahmestellen zu weit entfernt waren; selbst die Versorgung von mehreren Gemeinden mit einer Anlage war immer noch zu schwierig, als daß sie praktisch ausführbar war“ [Herzner (17)]. Die großzügige Abhilfe, die unter Zusammenwirken der staatlichen Behörden ins Werk gesetzt werden soll, indem 115 Gemeinden mit 235000 Bewohnern von einer Zentralstelle aus, die am Lek oberhalb von Rotterdam gelegen ist, mit gefiltertem Oberflächen- und zum Teil mit Grundwasser versehen werden sollen, gibt bei aller Anerkennung für die Bedeutung des Unternehmens doch auch gleichzeitig einen Begriff für die damit verknüpften Schwierigkeiten; unter ihnen ist hervorzuheben die Höhe des Anlagekapitals mit über 11 Millionen und die Gewißheit, daß in den ersten Jahren sicher mit Verlust gearbeitet werden wird, ferner auch die trotz dieser Aufwendungen mit 70 bis 80 Liter als höchsten Tagesverbrauch pro Kopf angenommene, als nur mäßig zu bezeichnende Leistung und schließlich auch ganz besonders der Umstand, daß nur 26 vom Hundert Einwohner in den für die Versorgung vorgesehenen Landesteilen von dieser berücksichtigt werden können, da die Wohnstätten der übrigen (74 Prozent) so weit abseits liegen, daß sie aus wirtschaftlichen Gründen nicht einbezogen werden können.

Über die Wasserverhältnisse in dem zurzeit von unseren Truppen besetzten Flandern gibt Fürth (11) eine Übersicht: Sowohl in dem die Küste begleitenden Dünengürtel mit den weltbekannten Badeorten Ostende, Blankenberghe usw. wie auch in dem dahinter gelegenen, von Kanälen und sonstigen kleinen Wasserläufen durchzogenen Flachlande ist die Wasserversorgung noch völlig ungenügend, sowohl nach Menge wie nach Güte des Wassers. Grundwasserschichten von genügender Ergiebigkeit sind nur vereinzelt gefunden worden, so daß von den größeren Orten in Westflandern nur sieben eine zentrale Wasserleitung haben, die aber auch nur 90 Liter durchschnittlich pro Kopf der Bevölkerung zu liefern imstande sind, und unter diesen geben nur drei ein einwandfreies Trinkwasser. Die anderen werden mit Oberflächenwasser zweifelhafter Beschaffenheit gespeist. „Bei den bestehenden Wasserverhältnissen spielt das Regenwasser hier eine viel größere Rolle als anderwärts und ist an manchen Orten das einzige für Genußzwecke brauchbare Wasser“ [Fürth (11)]. Fast alle Häuser haben daher neben der Brunnenpumpe noch eine solche für Regenwasser und in vielen der Hotelpalaste in den großen Badeorten sind unter dem Kellergeschoß umfangreiche Regenwasserbehälter eingebaut. Über ihre Einrichtung ist näheres nicht bekannt; daß das in ihnen enthaltene Wasser aber nicht unbedenklich ist, geht daraus hervor, daß Fürth nur „gegen eine Verwendung in gekochtem Zustande, wenn es keine grob sinnlichen Verunreinigungen aufweist, nichts einzuwenden hat“. Ob der vor dem Kriege entworfene Plan, allen diesen Übelständen durch Herbeiführung frischen Bergwassers von Brüssel her ein Ende zu machen, in absehbarer Zeit wird zur Ausführung kommen können, erscheint nicht sicher. Jedenfalls aber wird, wie das oben erwähnte Beispiel der benachbarten Niederlande zeigt, auch dann nur ein gewisser Prozentsatz der Bevölkerung von diesem Fortschritt Nutzen haben.

In Frankreich waren, wie aus den Mitteilungen Paramelles (34) hervorgeht, um die Mitte des vorigen Jahrhunderts viele Kommunen, ja sogar ganze Kantone auf Regenwasser angewiesen, teils, weil Quellwasser nur in großen Tiefen und Entfernungen zu finden war, teils auch, weil in Steppen, Tiefebenen, maritimen und Sumpfgegenden nur ungesundes und ungenießbares Wasser zur Verfügung stand. Paramelles Ratschläge für die Anlage von Zisternen entsprechen in vielen Beziehungen dem, was heute noch in dieser Beziehung Gültigkeit hat. Ob im Laufe der Zeiten das Regenwasser für die genannten Bezirke seine wichtige Rolle behauptet hat, ist aus der Literatur nicht ersichtlich.

Ich verdanke aber Herrn Professor Reiner Müller (Köln) die Mitteilung, daß in der Südostecke der Grafschaft Artois und in der angrenzenden nördlichen Pikardie, noch heute Zisternen in großer Anzahl vorhanden sind. Der Grund ist in der tiefen Lage des Grundwasserspiegels, 30 bis 70 m unter der Erdoberfläche der dortigne Kreidelandschaft, zu suchen. Die Herstellung entsprechend tiefer Brunnen ist teuer und umständlich, das Hochwinden des Wassers aus der großen Tiefe der alten mit einem Seil versehenen Ziehbrunnen oder neueren Patent-Doppeleimer-Kettenbrunnen ist mit erheblichem Aufwand an Zeit und Arbeit verbunden. Dagegen lassen sich die kleinen Pumpen der Zisternen fast ohne Mühe bedienen. Allerdings versiegen im Hochsommer die meisten und deshalb sind doch überall auch Schachtbrunnen vorhanden, besonders als öffentliche Gemeindebrunnen an den Dorfstraßen. Das Wasser für die meist neben den Häusern, bisweilen auch unter den Waschstuben der Häuser gelegenen Zisternen kommt durchweg nur von den Hausdächern und sammelt sich direkt ohne irgendwelche Filtration oder sonstige Reinigung in diesen Wasserbehältern, die meist 2 bis 5 m, seltener bis zu 10 m tief sind. Die kleineren sind meist kammerförmig, mit gewölbter Decke aus Mauerwerk und durch ein Mannloch zugänglich; die tieferen sind vielfach flaschenförmig gestaltet, also im Horizontalschnitt kreisförmig und am Boden weiter als oben an der Mündung, so daß der Eisen- oder Steindeckel des Einsteigeloches zugleich die Decke bildet. Bei allen neueren Anlagen ist die Wandung zementiert. Ihr Inhalt wird zu allen häuslichen Zwecken, in erster Linie zum Waschen und Viehtränken, aber auch zum Geschirrspülen und zum Trinken benutzt. Der Zustand der Mehrzahl von ihnen ist vom hygienischen Standpunkte ganz ungenügend, da Schmutzwasser und Mistjauche von oben hineinsickern können (vgl. Fig. 1) oder weil die Mauern undicht sind. Da infolge des Rückganges der Volkszahl neue Wohnstätten in diesen Dörfern nur selten erbaut werden, sind auch die meisten Regenwasserversorgungsanlagen alt; doch auch bei Neubauten fehlt die Zisterne nicht, die dann — ohne im Prinzip Fortschritte aufzuweisen — meist infolge ihrer geringeren Abnutzung besseres Wasser führt. Wie zahlreich in diesem Gebiet einerseits die Zisternen sind und wie wenig hygienisch befriedigend andrerseits ihr Inhalt ist, zeigen folgende Beispiele:

Dorf X. (453 Einwohner) hat 43 Brunnen von 30 bis 35 m Tiefe und 80 Zisternen; von den letzteren weisen nur 18 ein Wasser auf, das nach dem Ergebnis der chemischen Untersuchung für frei von Verunreinigungen durch organische Abfallstoffe gehalten werden konnte; bei 7 von diesen aber war das Wasser deutlich getrübt, also unappetitlich, so daß nur 11. d. h. noch nicht 14 Prozent als einwandfrei betrachtet werden konnten. Viel schlechter steht Dorf Y. da mit 41 Zisternen und 5 Brunnen bei 247 Einwohnern; von diesen 41 hatten nur 2, also etwa 5 Prozent, einen einwandfreien Inhalt. Noch schlechter ist es um das Dorf Z. bestellt, dessen 192 Einwohnern neben 40 Brunnen 16 Zisternen — darunter aber keine einzige hygienisch zulässige — zu Gebote stehen.

Die gesundheitlichen Bedenken gegen solche Zisternen mögen dadurch etwas abgeschwächt werden, daß jede Zisterne in der Regel nur von den Einwohnern des betreffenden Hauses benutzt wird und der Allgemeinheit zugängliche Regenwasserbecken — den Dorfbrunnen vergleichbar —

Phot. Reiner Müller.

Fig. 1.
Typische französische Zisternenpumpe.
Unzureichender Verschluß des Mannloches.

nicht bestehen; als Herde von Massenverseuchungen kommen daher die Zisternen weniger in Frage als die öffentlichen Brunnen. Auch enthält das Regenwasser vieler Zisternen so viel sichtbare Verunreinigungen — Trübungen, Wasserflöhe, Hüpferlinge —, daß es auch von den Hausbewohnern nicht zum Trinken und Kochen benutzt wird. Andrerseits bieten die Bequemlichkeit der Beschaffung, die Seifenersparnis beim Waschen und das bessere Garkochen der Hülsenfrüchte einen starken Anreiz zum Festhalten an der althergebrachten Einrichtung. Solange daher nicht öffentliche Pumpwerke und Wasserleitungen geschaffen werden, erscheint ein Verbot oder die völlige Beseitigung der Zisternen bei Berücksichtigung der in diesen Gegenden gegebenen Verhältnisse nicht durchführbar. Auch die deutschen Truppen haben, besonders zum Pferdetränken, das Regenwasser vielfach benutzt, wenn ihnen nicht die vorhandenen Pumpwerke der Brauereien und Fabriken die dazu nötigen großen Wassermengen aus der Tiefe heraufholten. In dem Städtchen B. dieser Gegend besteht seit vielen Jahren eine gute Wasserleitung; trotzdem werden die vielen Zisternen dort immer noch benutzt, wenn auch hauptsächlich für Wäsche- und Hausreinigung. Eine Verbesserung dieser durch wirtschaftliche und natürliche Verhältnisse bedingten Einrichtung nach neuzeitigen Grundsätzen dürfte den Forderungen der praktischen Hygiene am meisten entsprechen.

Wenden wir uns nach dem Süden Europas, so finden wir in den Uferländern des Mittelmeeres „den klassischen Boden der Zisternenbauten" [Ballif (1)]. Venedig ist, wie in der Einleitung hervorgehoben, von seiner Blütezeit bis zu der vor kurzem erfolgten Versorgung mit Grundwasser in der Frage der Regenwasserversorgung führend gewesen: Die Entwicklung eines eigenen Typs, der in Verbindung mit einer anmutigen Form eine Filtration des gesammelten Wassers anstrebte, kennzeichnet den Hochstand der altvenetianischen Wasserbautechnik. Es ist bezeichnend für den geringen kolonisatorischen Einfluß der Kaufmannsrepublik, daß sie in diesem für die Mittelmeerländer eine Lebensfrage darstellenden Kulturproblem in keiner Hinsicht befruchtend gewesen ist. Selbst im nahe gelegenen Istrien findet man, wie kürzlich in der internationalen Zeitschrift für Wasserversorgung (19) hervorgehoben wurde, mit Ausnahme einer einzigen venetianischen Zisterne in der ehemaligen venetianischen Kolonie Capo d'Istria nur mit einer festgestampften Lehmschicht ausgekleidete Mulden als Regenwasserbehälter. Zum nicht geringen Teil dürfte allerdings auch für die Nichteinbürgerung der venetianischen Zisternen der Umstand maßgebend sein, daß zu ihrer Füllung reiner Seesand nötig ist, der in Venedig reichlich und bequem zu Gebote steht, während dies im Innern Istriens kaum der Fall sein dürfte.

Fast überall im Süden ist die geologische Konstellation, die das Regenwasser zur alleinigen Wasserversorgungsmöglichkeit macht, die vorhin an zweiter Stelle genannte: Starke Durchlässigkeit der oberen Bodenschichten, die die Niederschläge in unendliche Tiefen versickern läßt. Die durch die erhöhte Lufttemperatur vermehrte Verdunstung wirkt zudem noch fördernd auf die Wasserarmut der Erdoberfläche. Venedig nimmt demgegenüber eine Sonderstellung ein, die mehr an die z. B. im Dünengürtel Flanderns obwaltenden Umstände erinnert. Die Inselgruppe, auf der Venedig erbaut ist, besteht nämlich aus Alluvialboden, der größtenteils aus Sand zusammengesetzt ist, der von den Lagunen durchtränkt wird. Erst in Tiefe von 4 bis 5 m folgt eine feste Lehmschicht. Die Gewinnung eines brauchbaren Grundwassers ist unter diesen Umständen fast ausgeschlossen. Die Anlage der überaus zahlreichen Pocci — Regenwasserzisternen — war die Folge. Über ihre Konstruktion wird später noch zu sprechen sein. Werner (51), dessen Darstellung der Wasserhygiene in Venedig ich hier gefolgt bin, hebt hervor, daß die Anlage der Zisternen gut, ihre Pflege aber schlecht war, und daß Infektionen namentlich durch das Eintauchen von Wassereimern unvermeidlich waren. Durch die 1898 erfolgte Anlage einer Quellwasserleitung, die das Wasser aus 26 km Entfernung herbeiführt, ist die venetianische Zisterne gegenstandslos geworden.

Dagegen ist die Regenwasserversorgung an den anderen Küsten des Mittelmeeres nach wie vor eine dringende Frage; besonders gut unterrichtet sind wir in dieser Hinsicht über die Verhältnisse im Karstgebiete bzw. in Istrien durch die Arbeiten von Schollmayer-Lichtenberg (43) und Lukas Waagen (45). Da für dieses Gebiet das Zisternenproblem sowohl von hygienischer wie auch volkswirtschaftlicher und sozialer Bedeutung ist, so verlohnt es sich, mit einigen Worten auf die in Betracht kommenden Verhältnisse einzugehen, zumal das hier Gesagte sich im wesentlichen auf die anderen Mittelmeerländer übertragen lassen dürfte.

Das Karstgebirge umfaßt das Gebiet, das sich von den Südalpen in der Isonzogegend in südöstlicher Richtung, das Ostufer der Adria begleitend, bis zum Skutarisee hinzieht: Oberkrain, Istrien, Dalmatien, Bosnien, Herzegowina und Montenegro. Überwiegend aus Kreide und Kalk aufgebaut, gilt von ihm das von den deutschen Kreide- und Juraformationen Gesagte: Alles Meteorwasser versickert sehr schnell; die durch das subtropische Klima begünstigte schnelle Verdunstung ist, wie schon vorhin betont, ein weiterer Grund für die Wasserarmut der oberen Bodenschichten, so daß sich „mit dem Bilde des Karstes bei jedem, der dies Gebirge einmal gesehen, sofort der Begriff der Wasserlosigkeit verbindet“ [Waagen (45)]. Auch dem, der das Gebiet auf der Eisenbahn durchreist hat, dürfte es nicht entgangen sein, daß auf den Eisenbahnstationen als besondere Delikatesse „Aqua fresca“ aus Tonkrügen gegen Entgelt feilgeboten wird. Eigentümlicherweise ist dabei die jährliche Regenmenge trotz einer regelmäßigen mehrmonatigen Trockenperiode im Sommer eine außerordentlich hohe:

An der istrischen Westküste beträgt sie 800 bis 1000 mm, steigt im Triester- und Tschitschenkarst auf 1800 mm, beträgt in der Gegend des Monte maggiore mehr als 3000 mm und in der als besonders unfruchtbar bekannten Krivoćie nördlich von Cattaro sogar 4360 mm, d. h. mehr als das Sechsfache des in Norddeutschland festgestellten Wertes. Es muß hervorgehoben werden, daß dieser Umstand für eine Regenwasserversorgung des Landes außerordentlich günstig ist. Die Wasserlosigkeit des Karstes ist denn auch nur eine scheinbare, denn bei völligem Mangel an oberirdischen Wasserläufen ist das ganze Gebiet doch von unterirdischen Flußgerinnen durchzogen, es ist gewissermaßen kanalisiert. Dem Wasserkonsumenten ist damit freilich wenig geholfen, da dieses Wasser für ihn unerreichbar ist. Die Zahl der Quellen in Istrien ist dementsprechend eine ganz geringe; ihre Leistung ist zudem so klein, daß in der Trockenzeit ein fast völliges Versiegen derselben die Regel ist: Das Füllen eines einzigen tragbaren Wasserbottichs erfordert dann oft mehrere Stunden! Die Regenwasserzisterne ist hier denn auch von jeher in Gebrauch gewesen, ohne daß aber die Jahrhunderte es vermocht hätten, ein vom hygienischen Standpunkt brauchbares Modell zu schaffen. „Die Ausführung der Zisternen ist äußerst primitiv. Bei der Ausmauerung wird Terra rossa zur Hinterfüllung verwendet, und als Schlußstein ebenso wie als Brunnenkranz dient meist ein Monolith. Der Fassungsraum der größeren zylindrischen Zisternen liegt meist zwischen 180 und 240 Hektolitern und erreicht nur selten 300. Die neueren Zisternen werden meist wieder mit viereckigem Grundriß angelegt und hierbei Zement verwendet. Manche unter ihnen, die zu Gemeindezisternen bestimmt sind, erreichen auch ansehnliche Dimensionen“ [Waagen (45)].

Die Wassergewinnung erfolgt im Gegensatz zu früheren Zeiten, wo auch die Ablaufwässer der Wege und Straßen den Zisternen zuflossen, jetzt fast nur noch von den Dächern, deren Bedachung mit italienischen Hohlziegeln allerdings einen großen Wasserverlust durch Aufsaugung mit sich bringt. Leider ist auch diese einfache Art der Wasserversorgung nicht einmal überall vorhanden, sondern vielfach wird das Wasser — zumeist von Straßen und Wegen kommend, — in offenen Mulden gesammelt, die mit undurchlässigem Material ausgekleidet sind, wie sie von Natur in den sogenannten Dolinen vorhanden sind, während die künstliche Nachbildung solcher Karstlache „Lokva“ genannt wird. Die Ausräumung des in ihnen sich absetzenden Schlammes ist die einzige hygienische Pflege, die ihnen zuteil wird. „Es gibt Lokven in allen Größen, von unscheinbaren Pfützen bis zu kleinen Teichen, welche 10000 Hektoliter und mehr fassen mögen. Häufig ragt aus ihnen ein Röhricht von Binsen empor, Wasserlinsen breiten sich darin aus, und ein Chor von Fröschen verrät weithin die Lage der Lokva. Mehrmals des Tages wird das Vieh dorthin zur Tränke getrieben und vermengt den aufgewühlten Schlamm mit seinen Exkrementen, und die gleichen Lokven, die überdies der Anopheleslarven wegen auch mit Petroleum begossen werden müssen, liefern gleichzeitig den Umwohnern das Nutz-, Koch- und Trinkwasser" [Waagen (45)]. Abhilfe erwartet Waagen nur von hydrotechnischer Kleinarbeit, in erster Linie von einer Vermehrung und vor allem einer Verbesserung der Zisternen; er schlägt vor, das Regenablaufwasser in einer Vorkammer zu sammeln, die durch Jalousieschützen von der Hauptkammer getrennt wird, so daß stets nur die obersten, naturgemäß früher geklärten Schichten in diese überlaufen. Einschalten einer Filterkammer würde für hinreichend reines Wasser sorgen, das durch Ozonisierung keimfrei zu machen wäre. Gehöftzisternen hält Waagen für empfehlenswerter als große Gemeindezisternen, da letztere schwerer wasserdicht zu halten seien. Auch Feldzisternen, in denen Straßenabflüsse und Wildbäche zu sammeln wären, hält Waagen für nötig, da es mit ihrer Hilfe möglich wäre, großen, jetzt infolge Wasserarmut öden Landstrecken Wasser für Feldbau, Waldbau, Wiesenkultur und Viehzucht zu gewähren. Allen diesen Erfordernissen durch eine große zentrale Grundwasserversorgungsanlage zu genügen, ist nach Waagen unmöglich, da, wie A. Gniss (15) für ein bestehendes Teilprojekt nachgewiesen hat, der Kubikmeter Wasser auf 2 Kronen und höher zu stehen kommen würde.

Es kann danach wohl keinem Zweifel unterliegen, daß in den erwähnten umfangreichen Gebieten der Regenwasserversorgung für absehbare Zeiten eine hervorragende Bedeutung zukommen wird. Augenblicklich ist jedenfalls, wie Nikolai (31) in seiner kürzlich erschienenen Arbeit über die „Wasserversorgung mittels Zisternen" schreibt, „das Zisternenwasser für die Bevölkerung der Karstländer und gegenwärtig auch für einen Teil der Armee fast das einzige brauchbare Wasser".

In Italien waren, wie ich einer Arbeit Dragos (6) entnehme, im Jahre 1885 130 Gemeinden mit 700000 Einwohnern lediglich auf Zisternenwasser angewiesen, während 1321 Gemeinden mit 7 Millionen Einwohnern ihren Bedarf zum Teil auf diesem Wege zu decken gezwungen waren. Ein Welthandelsplatz wie Genua hatte — nach demselben Autor — noch zu Anfang dieses Jahrhunderts zahlreiche Zisternen aufzuweisen und zwar nicht nur solche aus früheren Zeiten in älteren Palästen und Häusern, sondern auch solche jüngster Herkunft. Letztere sind dazu bestimmt, außer Regenwasser auch „l'eau en excédant de la canalisation" aufzunehmen — worunter, wohl der Überschuß der städtischen Wasserleitung zu verstehen ist.

Von den asiatischen Uferländern des Mittelmeeres ist Näheres über die Wasserversorgung Palästinas bekannt geworden, nachdem die internationalen Bestrebungen zur Sanierung diese Landes einsetzten. Von deutscher Seite haben P. Mühlens (30), sowie W. Brünn und L. Goldberg (4) namentlich unter dem Gesichtspunkte der Malariabekämpfung über die hygienischen Zustände in Jerusalem berichtet und dabei auch die Wasserversorgungsfrage ausgiebig gewürdigt. Alle 3 Autoren stimmen darin überein, daß die Regenwasserversorgung hier bis auf Weiteres noch eine große Rolle spielen wird. Daß die in dieser Hinsicht herrschenden Zustände vielfach nicht einmal den elementaren Anforderungen der Hygiene genügen, zeigen namentlich die in der an zweiter Stelle genannten Arbeit gebrachten Lichtbilder von Zisternen aus den Häusern armer Juden und Araber, während nach Mühlens in den meisten, namentlich in den neueren Europäerhäusern auf eine gute, saubere, möglichst einwandfreie Zisterne sehr große Sorgfalt verwendet wird. Nach den Mitteilungen des letztgenannten ist unter den mindestens 5000 bis 6000 dort vorhandenen Zisternen eine große Mannigfaltigkeit der Typen festzustellen. Mühlens fand neben sehr interessanten alten kleinen Zisternen, zum Teil früheren Grabstätten, sogenannten „Grabeszisternen", sowie sogenannten „Flaschenzisternen" auch große moderne teils im Freien, teils unter den Häusern gelegene große Wasserreservoire, dazwischen auch Übergangsformen aller Art. Schon diese Regellosigkeit zeigt, daß die Errichtung dieser für die menschliche Gesundheit grundlegenden Einrichtungen gänzlich der Laune wenig sachverständiger Erbauer überlassen geblieben ist; nicht einmal ein bewährtes empirisches System, wie z. B. das der venetianischen Zisternen, hat sich Geltung verschaffen können. Anläufe in der Richtung einer hygienischen Ausgestaltung sind höchstens gelegentlich in der Anlage von Klärbecken, die durch einen Überlauf mit dem eigentlichen Sammelraum verbunden sind, zu finden. Die oft vorhandene Sicherung der Schöpfstelle durch ein verschließbares Eisengitter ist nicht aus hygienischen Gründen angebracht, sondern um Unbefugte an der Wasserentnahme zu verhindern — ein Zeichen für die Kostbarkeit des Wassers, namentlich in der — regelmäßig der sommerlichen Trockenzeit im Spätherbst folgenden — Periode des Wassermangels. Gespeist werden die Zisternen teils von den Dächern, teils aber auch von dem Straßenwasser. Während die Europäer in letzterem Falle die natürlich viel schmutzigeres Wasser enthaltenden Zisternen nur für Gebrauchszwecke benutzen. (Mühlens), wird von den Eingeborenen der Inhalt auch getrunken. Auch das erstere dürfte dem Hygieniker recht bedenklich erscheinen. Maßnahmen gegen die Benutzung der Zisternen seitens der Anophelen zu Brutzwecken waren bis zum Einsetzen der oben erwähnten hygienischen Bestrebungen noch nicht getroffen.

Ohne Zweifel dürften im übrigen Palästina die Wasserverhältnisse zum mindesten gleich ungünstig sein wie die geschilderten, von den genannten Forschern in Jerusalem angetroffenen. Das gleiche dürfte von Algier zu gelten haben. .

In der „neuen Welt" scheint namentlich Nordamerika vielfach von der Regenwasserversorgung Gebrauch zu machen; wenigstens möchte ich das daraus schließen, daß sich dort ein besonderer Typ, die sogenannte amerikanische Zisterne, über die später noch zu sprechen sein wird, herausgebildet hat.

Besonderen Wert sollte die Entwicklung eines hygienisch brauchbaren Zisternenmodells für unsere überseeischen Kolonien haben. Nicht nur in den von den Pionieren der Kultur weit ins Innere vorgetriebenen Stationen wird man auf die Benutzung des Regenwassers rechnen müssen; auch in den Küstenorten werden vielfach die gleichen geologischen Bedingungen vorhanden sein, wie wir sie vorhin an den heimischen Küsten kennen gelernt haben. Nach Plehn (35) ist man z. B. im größten Teil des westafrikanischen Küstengebietes und auf vielen Südseeinseln auf Regenwasser als auf die wichtigste, wenn nicht einzige Wasserbezugsquelle angewiesen. Aufgefangen wird es meist auf Wellblechdächern, von denen es in Tonnen oder eisernen Tanks geleitet wird. Reichliche Gelegenheit zur Verunreinigung bieten nach Plehn die Gefäße und Hände der schöpfenden Eingeborenen. Es wird also auch hier das Bestreben sein müssen, die Regenwasseranlagen so auszugestalten, daß solche Gefahren ausgeschlossen sind. Denn an sich sind, wie Schilling (42) in seiner Tropenhygiene mit Recht betont, die Vorbedingungen in den Tropen der Regenwasserversorgung günstig, da die Verunreinigung der Atmosphäre durch Ruß- und Staubentwicklung so gering ist, daß das Regenwasser einige Minuten nach dem Einsetzen des Regens wohl als chemisch rein bezeichnet werden kann. Bei entsprechender Sammlung und Aufbewahrung ist für die Tropen nach Schilling eine bessere Wasserversorgung kaum denkbar. Der tatsächliche Zustand, daß von den Europäern aus Mißtrauen gegen die vorhandenen Wasserversorgungsanlagen lediglich meist aus Europa eingeführtes Mineralwasser getrunken wird, während den Eingeborenen all und jedes Wasser zu trinken erlaubt ist, erscheint nicht nur unsozial, sondern auch unwirtschaftlich, da der Europäer an der Gesunderhaltung seiner Schutzbefohlenen ein dringendes Interesse hat. Die Bekämpfung endemischer Krankheiten muß sich zudem auf Europäer sowohl wie Eingeborene erstrecken.

Die mitgeteilten Stichproben aus der mir zur Verfügung stehenden Literatur beweisen zur Genüge, daß die Regenwasserversorgung für lange Zeiten noch die Aufmerksamkeit des Hygienikers in Anspruch nehmen wird; sie zeigen aber ferner, daß bisher im wesentlichen überkommene Gewohnheiten für den Bau und die Einrichtungen der Zisternen maßgebend gewesen sind.

In den hygienischen Lehrbüchern wird, wer am Bau einer Zisterne mit Rat oder Tat mitzuwirken hat, nicht allzuviel Unterstützung finden. Reichlicheres Material ist in den technischen Handbüchern der Wasserversorgung [Lueger (27) und Lueger-Weyrauch (28)] enthalten.

Zwecke der Regenwasserversorgung.

Der Zweck einer Regenwasserversorgung kann ein mehrfacher sein: Es kann die Beschaffung von Trinkwasser angestrebt werden. In diesem Falle wird das Interessengebiet des Hygienikers unmittelbar berührt; es wird von ihm sowohl die Möglichkeit der Bereitstellung einer ausreichenden Menge wie auch die Güte von ihm zu prüfen sein. Dies gilt auch, falls nur unterstützend in Zeiten großer Dürre auf das Regenwasser zurückgegriffen werden muß. Aber selbst in dem Falle, wo das Regenwasser nur als Gebrauchswasser gelten soll, wird man, sofern es sich wenigstens um den Gebrauch durch Menschen handelt, die Fernhaltung von Infektionsmöglichkeiten fordern müssen; denn ein Wasser, das beispielsweise zum Geschirrspülen oder auch zur Reinigung des menschlichen Körpers bestimmt ist, muß frei von Krankheitskeimen sein. Immerhin wird dann von manchen Forderungen, die wir an ein gutes Trinkwasser zu stellen gewöhnt sind, z. B. hinsichtlich des Geschmacks und der Temperatur, Abstand genommen werden können. Schließlich aber kann Regenwasser auch lediglich zum Zwecke industrieller Nutzbarmachung aufgefangen werden, da es für solche oft besonders geeignet ist, z. B. wegen seiner geringen Härte für die Speisung von Dampfkesseln oder zum Betrieb von Waschanstalten. In diesem Falle dürfte der Hygieniker dem technischen Fachmann den Vortritt zu lassen haben.

Genießbarkeit des Regenwassers.

Die Beurteilung der Frage, ob Regenwasser an sich für den menschlichen Genuß geeignet ist, dürfte, da das atmosphärische Wasser nur theoretisch ein völlig reines Wasser ist, praktisch aber stets Beimengungen aus der von ihm durchströmten Luft aufnimmt, im allgemeinen identisch sein mit der Frage, ob destilliertes Wasser, das ja in Wirklichkeit auch niemals ganz frei von Beimengungen ist, regelmäßig ohne Schaden für die menschliche Gesundheit genossen werden kann. Während man früher in dieser Hinsicht von Zweifeln nicht frei war [Koeppe (23), le Méhauté (29)], hat die langjährige Praxis an Bord von Kriegsschiffen, die im Auslande überwiegend auf destilliertes Wasser, das aber, wie betont, kein völlig reines H_2O darstellt, angewiesen sind [Riegel (37)], dessen Genießbarkeit mit Sicherheit ergeben.

Die Beimengungen, die Regenwasser enthalten kann, werden, wie oben bereits hervorgehoben, von ihm aufgenommen, während es die Luft durchströmt und sind demnach von der Zusammensetzung der Luft abhängig; das Regenwasser nimmt nicht nur von den normalen Luftbestandteilen: Stickstoff, Sauerstoff, mit dem es sich sättigt, und der verhältnismäßig in geringen Mengen vorhandenen Kohlensäure auf, sondern auch von all dem, was gewissermaßen als Ausdünstung der Erdoberfläche in die Luft übergeht, kehrt ein Teil mit dem Regenwasser zur Erde zurück. Je nach dem Charakter des betreffenden Teils der Erdoberfläche ist die Zusammensetzung und die Menge dieser Ausdünstungen verschieden. Hauptsächlich handelt es sich um Ammoniak und Säuren, wie z. B. salpetrige und Salpetersäure, schweflige und Schwefelsäure als Kennzeichen industrieller Tätigkeit. Ferner kommen aber auch wasserlösliche Stoffe, die, gelöst in Form feinster Wassertröpfchen — z. B. Kochsalz in der Nähe des Meeres, namentlich bei auflandigen Winden — oder auch Kalk und — schließlich zahlreiche organische und anorganische korpuskuläre Elemente verschiedenster Größe, vom Staubkorn und Rußteilchen bis zu den mikroskopisch kleinen Luftkeimen herab, in Frage, die in ihrer Gesamtheit L. Weber (48) neuerdings unter dem Namen „Luftplankton" zusammengefaßt hat. Die Unterschiede in der Menge solcher Beimengungen, die das Regenwasser aus der Luft aufnimmt, wird besonders sichtbar, wenn man, wie v. Schröder (44) es tat, Wasser in einer durch Rauch stark verunreinigten Gegend und zum Vergleich solches in einer waldigen, industriearmen Gegend auffängt. Die von dem genannten Autor für ein Liter dieser Wässer gefundenen Durchschnittswerte (nach der Beobachtung eines Jahres) sind folgende:

Bezeichnung des Ortes	In Säuren unlöslicher Rückstand Staubkohle	Mineralstoffe	Kali	Natron	Kalk	Magnesia	Eisenoxyd	Schwefelsäure	Phosphorsäure	Chlor	Summa
	mg	mg	mg	mg	mg	mg	mg	mg	mg	mg	mg
Rauchgegend	5·79	13·19	0·53	0·74	0·61	0·21	1·79	1·84	0·23	0·22	25·15
Waldgegend	4·18	2·91	0·54	0·85	0·76	0·17	0·37	0·86	0·09	0·17	10·89

Ähnlich wird der Gehalt an körperlichen Beimengungen schwanken, je nachdem die Luft in einer wasser- und waldreichen Gegend arm oder in einer vegetationslosen trocknen und staubigen, reich an Beimengungen solcher Art war.

Alle diese akzessorischen Bestandteile des Regenwassers treten aber niemals in solcher Menge auf, daß von ihnen eine Schädigung der menschlichen Gesundheit — z. B. etwa durch Säurewirkung — zu erwarten wäre; wohl aber ist der Fall denkbar, daß während des Auffangens und des Aufbewahrens des Wassers durch Zusammentritt mit anderen Stoffen, z. B. mit dem Blei von Leitungsrohren, Verbindungen entstehen könnten, die als gesundheitsgefährdend anzusehen wären. Hierüber wird später noch zu sprechen sein. Unmittelbar krankheitserregend können Luft- bzw. Regenwasserkeime wirken, falls solche pathogener Art unter ihnen enthalten sind. Theoretisch ist die Möglichkeit, daß solche z. B. mit dem eingetrockneten Sputum eines Phthisikers oder in Form ausgehusteter feinster Tröpfchen in die Luft und gelegentlich auch in das Regenwasser gelangen können, nicht ganz von der Hand zu weisen, praktisch aber dürfte diese Infektionsmöglichkeit wegen der starken Schädigungen, denen die Luftkeime durch Austrocknung und Belichtung ausgesetzt sind, keine Rolle spielen. „Die Gefahr, durch Regenwasser infiziert zu werden, das noch nicht mit der Erde in Berührung war, ist äußerst gering" [A. Gärtner (13)].

Das Auffangen des Regenwassers.

Da ein unmittelbares Auffangen des Regenwassers in den zur Aufbewahrung bestimmten Räumen nur sehr geringen Ertrag ergeben würde, ist es nötig, auf Sammlung größerer Mengen bedacht zu sein. Wie in der Einleitung hervorgehoben, geschieht dieses unter primitiven Verhältnissen häufig in der Weise, daß Straßenabflüsse in die Zisternen geleitet werden. Dieses Verfahren ist selbstverständlich zu verwerfen, da Straßenstaub und

-schmutz als ansteckungstüchtig anzusehen ist. Auch die sonst ein gewisses hygienisches Verständnis verratenden venetianischen Zisternen sammeln das Wasser von Auffangeflächen, die den Zutritt zu dem in ihrer Mitte befindlichen Schöpfbrunnen vermitteln. Die beigegebene, der inter-

Fig. 2.
Venetianische Zisterne in Capo d'Istria — noch heute in Betrieb: Die Auffangefläche wird von den Wasserholern beim Betreten verunreinigt.

nationalen Zeitschrift für Wasserversorgung[1] entnommene Fig. 2[1] zeigt eine solche venetianische Zisterne in Capo d'Istria, die noch heute in Betrieb ist: wenn auch ein die Anlage umgebendes Geländer die Umgebung

[1] Vom Verlage der genannten Zeitschrift freundlichst zur Verfügung gestellt.

der Entnahmestelle, welche zugleich als Sammelstelle für das Regenwasser dient, vom allgemeinen Verkehr abzuschließen bestimmt erscheint, ist doch der Zutritt der, wie das Bild zeigt, recht zahlreichen Wasserholer, nicht zu vermeiden. Damit ist für grobe Verunreinigungen der Sammelfläche und somit auch des Regenwassers Gelegenheit geschaffen. Die, wie wir später sehen werden, den venetianischen Zisternen eigene Sandfiltration ist nicht hinreichend, diesen schweren Fehler auszugleichen; außerdem erscheint es unrationell, zunächst eine vermeidbare Verunreinigung zuzulassen, und dann, mittels besonderer Einrichtungen diese wieder zu bekämpfen. Man wird also verlangen müssen, daß der Teil der Erdoberfläche, der zum Auffangen des Regenwassers bestimmt ist, auch lediglich diesem Zwecke dient und für ihn auch in jeder Hinsicht geeignet ist. Solche Auffangeflächen werden sich besonders leicht im Gebirge herstellen lassen, wo die natürliche Neigung einer Felslehne zugleich erwünschtes Gefälle und einen sauberen Untergrund gewähren kann. Auf letzteres wird besonderes Gewicht zu legen sein; lockerer Boden ist ganz ungeeignet, sowohl wegen seiner aufsaugenden Eigenschaften, die einen starken Wasserverlust bedingen würden, als auch, weil die von ihm abgeschwemmten Teile eine grobe Verunreinigung des Wassers darstellen würden. Auch Rasenflächen sind nicht viel besser, da sie selten bis zur völligen Undurchlässigkeit dicht sind. Schon eher können reine Sandflächen, Dünen oder dergleichen in Frage kommen, da dieses Material an sich viel sauberer ist, als anderer Boden. Indessen wird auch hier der Verlust durch Versickerung so erheblich sein, daß mit Rücksicht auf sie die Größe der Auffangefläche in unvorteilhafter Weise gesteigert werden muß. Nur, wo große Felsplatten einen sauberen, völlig undurchlässigen Untergrund gewähren, werden von Natur aus schon die Bedingungen für eine einwandfreie Sammelfläche vorhanden sein. In den meisten Fällen aber wird künstliche Abhilfe unumgänglich sein. Die Anlage größerer, am besten betonierter Flächen, mit einem rasche Sammlung befördernden Gefälle, deren Betreten für Mensch und Tier mit Sicherheit zu verhindern ist, würde die wünschenswerte Lösung dieser Frage darstellen. Als Beispiel für solche Anlagen seien hier nach Angaben Weyrauchs (28) die folgenden angeführt: Auf der Insel Brazza (Dalmatien) wurde eine Fläche von 5400 qm mit Mauern abgegrenzt, die Lehne bis zum Felsen abgehoben und mit Zement abgedichtet. Das Wasser wird durch Sandfilter gereinigt. In Perkovič (Istrien) wurde eine vegetationslose, geneigte Fläche von 2500 qm mit Beton abgedichtet zur Eisenbahnwasserversorgung. Auf der Westseite des Felsens von Gibraltar wurde eine Abdachung von 6.5 ha Größe betoniert; das gesammelte Wasser wird filtriert.

Wie die mitgeteilten Beispiele zeigen, handelt es sich bei ihnen durchweg um Fälle, in denen große Mengen Wassers zu beschaffen, also auch große Sammelflächen vorzubereiten waren. Die Schwierigkeiten und Unkosten wachsen denn auch entsprechend ihrer Größe; außerdem erfordern sie sorgsame Pflege und Überwachung. Für Einzel-Wasserversorgung dürften sie schon aus den letztgenannten beiden Gründen nicht in Frage kommen. Das auf solchen Sammelflächen gewonnene Wasser hat natürlich im wesentlichen völlig den Charakter des Oberflächenwassers, mit seinen vom hygienischen Standpunkte aus bedenklichen Schattenseiten. Eine regelrechte Sandfiltration erscheint unumgänglich notwendig. Daß letztere aber keinen absoluten Schutz gegen pathogene Keime gewährt, ist bekannt, und die an sich, allerdings nicht bedeutende Gefahr der Infektion des Wassers mit solchen, dürfte mit der Größe der Auffangeflächen entsprechend wachsen. Außerdem ist eine langsame Sandfiltration, wie später noch ausführlich dargelegt werden wird, bei einer Regenwasserversorgung mit ihrem intermittierenden Betriebe nicht leicht durchführbar.

Für kleinere Anlagen haben wir in den Dächern der Häuser in der Regel Flächen, die den hygienischen Anforderungen meist genügen werden. Da Dächer, in den nördlichen Breiten wenigstens, nur ausnahmsweise betreten werden, erfüllen sie vor allem die wichtige Forderung der möglichsten Unberührtheit durch den menschlichen oder tierischen Fuß. Ein absoluter Schutz ist allerdings unerreichbar, da ja z. B. Vögel von den Dächern nicht ferngehalten werden können. Eine Verschmutzung durch ihre Exkremente ist also möglich. Als Vorsichtsmaßregel empfiehlt sich, Taubenschläge nicht in der Nähe der zum Auffangen des Wassers bestimmten Dachflächen zu dulden. Praktisch scheint indessen die Gefahr der Verunreinigung durch die Ausscheidung von Vögeln oder anderen Tieren, z. B. Katzen, gering zu sein, da bei den bakteriologischen Prüfungen des Wassers aus der Zisternenanlage des Kieler Hygienischen Instituts niemals der Coligruppe angehörige Keime gefunden wurden. Dächer, die von anderen mit Fensteröffnungen versehenen Teilen von Gebäuden überhöht werden, büßen dadurch einen großen Teil ihrer Vorzüge wieder ein, da die Möglichkeit gegeben ist, daß Abfallstoffe irgendwelcher Art auf die Dachfläche gelangen. Solche Teile eines Daches sind von der Wassergewinnung möglichst auszuschalten.

Eine weitere wichtige Frage ist die Art der Bedachung. In den Marschen haben, wie oben gesagt, nur Häuser mit harter Bedachung Regenwasserzisternen. Dies beruht auf der Erfahrung, daß Strohdächer einmal einen gewissen Teil des Regenwassers aufsaugen, zweitens aber infolge ihres Reichtums an organischen und anorganischen Stoffen, die mehr oder weniger leicht abschwemmbar sind, zu starker Verunreinigung des ablaufenden Wassers Anlaß geben. Die Vorliebe der Ratten, in Strohdächern zu nisten, muß angesichts der nichtsverschmähenden Freßlust dieser Tiere ebenfalls Bedenken in der Richtung erwecken, daß durch sie infektiöse Keime, z. B. der Paratyphusgruppe, den Dächern zugeführt werden können. Unter den verschiedenen Arten der harten Bedachungen wollen manche, z. B. auch Rubner (41), mit Pappe gedeckte Dachflächen gleichfalls als ungeeignet zurückweisen. Das dürfte nicht ohne weiteres als berechtigt anzuerkennen sein. Im Gegenteil erscheinen mit geteerter Pappe belegte Flächen auf den ersten Blick als besonders sauber, da das fast völlige Fehlen von Fugen Schmutzteilchen keine Gelegenheit zum Haften bietet. Organischem Leben ist die antiseptische Wirkung des Teers nicht günstig. Die dunkle Farbe der Pappe absorbiert die Sonnenstrahlen stark, erhöht mithin die bakterienfeindliche Wirkung der Insolation. Allerdings liegt hierin auch ein Nachteil, der wahrscheinlich auch das absprechende Urteil über Pappdächer für die Zwecke der Regenwasserversorgung veranlaßt hat. Die starke Erwärmung durch die sommerliche Sonnenbestrahlung kann zu einer Erweichung der Teerung führen, die Geschmack und Farbe des Wassers ungünstig beeinflussen kann. Die Möglichkeit solchen Einflusses muß namentlich für heiße Klimate zugegeben werden. Die Versuchsanlage des Kieler Hygienischen Instituts, die später ausführlich besprochen wird, hat indessen zu solchen Beanstandungen keine Gelegenheit gegeben, obwohl etwa die Hälfte der Sammelflächen mit Pappe gedeckt ist. Für unsere Breiten dürfte also die Dachpappe die Benutzung des Daches zur Regenwasserversorgung nicht ausschließen. Überdies kommen neuerdings vielfach Dachpappen besserer Güte in den Handel, die der bekannten schwarzen Teerpappe durch geringere Empfindlichkeit gegenüber höheren Temperaturen überlegen sind.

Ziegeldächer haben den Nachteil, daß in ihren zahlreichen Fugen sich leicht Schmutz festsetzt, und daß infolge ihrer Porosität viel Wasser aufgesaugt wird. Letzteres gilt, wie oben bereits vermerkt, namentlich von den italienischen Hohlziegeln.

Metalldächer erscheinen infolge ihrer ununterbrochenen glatten Fläche und völligen Porenlosigkeit als besonders empfehlenswert, zumal Keime auf ihnen besonders rasch zugrunde gehen [L. Bitter (2)]. Dagegen wird ihnen zum Vorwurf gemacht, daß Oxyde der betreffenden Metalle in das Wasser übergehen. Eine gesundheitliche Schädigung wird hierdurch in der Regel freilich nicht eintreten, da Blei für Bedachungen wohl kaum in Anwendung kommt. Die Lösung von Zink ist nach fast übereinstimmender Ansicht als nicht direkt gesundheitsgefährdend anzusehen, da Wasser mit einem Zinkgehalt bis zu 20 mg i. L. dauernd genossen werden konnte, ohne daß es zu Krankheitserscheinungen kam. Fraglich ist aber, ob damit nicht eine Geschmacksverschlechterung verbunden wäre. Dies könnte namentlich der Fall sein, wenn infolge des Gehaltes des Wassers an Schwefelsäure Zinksulfat sich bilden würde. Bei Eisenblechdächern wird eine starke Eisenrostbildung und Verunreinigung des Wassers durch Rostteilchen unvermeidlich sein. Es wird also anzustreben sein, Metalldächer durch einen Farbüberzug für Wasser unangreifbar zu machen. Wie später dargelegt werden wird, ist es allerdings außerordentlich schwer, einen solchen ausfindig zu machen. Jedenfalls wird man Metalldächer, die ja z. B. in der Form von Wellblech in den Tropen weiteste Verbreitung gefunden haben, nicht gänzlich ablehnen dürfen, um so mehr, als Eisenhydroxyd zwar eine recht lästige Verunreinigung des Wassers darstellt, als gesundheitsschädlich aber nicht in Frage kommt.

Schließlich sind noch Schieferdächer zu erwähnen, die verhältnismäßig wenig Fugen haben und auch wenig Wasser aufsaugen. Sie werden infolgedessen von Büsing (5) als besonders geeignet zum Auffangen von Regenwasser angesehen. Ob indessen nicht gut geschützte Metalldächer noch vorteilhafter sind, möchte ich dahingestellt sein lassen.

Nach der Art der Wassergewinnung wird man also Bodenwasser- und Dachwasserzisternen zu unterscheiden haben. Letztere werden im allgemeinen den Vorzug verdienen, da das Wasser bei ihnen Verunreinigungen weniger ausgesetzt und die Anlage von Sammelflächen kostspieliger ist. Für große zentrale Regenwasserversorgungsanlagen wird die Anlage besonderer Sammelflächen sich nicht vermeiden lassen. Das auf ihnen gesammelte Wasser wird unter den Gesichtspunkten, die für Oberflächenwasser Gültigkeit haben, zu betrachten sein. Da die Beschaffenheit der Auffangeflächen für die Güte des Wassers von ausschlaggebender Bedeutung ist, so ist auf sie die allergrößte Sorgfalt zu verwenden.

Größenberechnung einer Zisternenanlage.

Maßgebend für die Leistungsgröße einer Regenwasserversorgungsanlage sind die Ausmaße der Auffangeflächen und des Sammelbehälters, sowie natürlich die Regenmenge. Die Berechnung der beiden erstgenannten Bestandteile einer Zisternenanlage muß daher hier in großen Zügen erörtert werden; denn wenn auch die Ausführung einer solchen Anlage Sache des Technikers ist, darf doch dem Hygieniker die Möglichkeit der Nachprüfung und Begutachtung nicht vorenthalten werden.

Nach Lueger (27) sind zwei Fälle zu unterscheiden:

1. Die Zisterne soll nur in Zeiten der Trockenheit benutzt werden. In der Regenzeit wird sie gefüllt und stets im größtmöglichen Füllungszustande erhalten. Dieser Fall wird also in Gegenden mit einer längeren sommerlichen Trockenperiode und ausgesprochener Regenzeit. z. B. in den Tropen, aber auch in Palästina eintreten.
2. Die Zisterne hat das ganze Jahr hindurch eine bestimmte Menge Wasser abzugeben. Sie darf also niemals leer werden. Dies dürfte in unseren Breiten die Regel sein.

Im ersten Fall gilt folgendes: Die Regenwassermenge (Q), die eine Fläche aufzufangen vermag, erscheint zunächst gleich dem Produkt aus Auffangefläche (F) und jährlicher Regenmenge (h). Diese Menge ist aber zu reduzieren um einen Koeffizienten, der die unvermeidlichen Verluste durch Verdunstung, Versickerung usw. berücksichtigt (μ). Wir erhalten also die Formel: $Q = \mu \cdot F \cdot h$.

Die Größe des Faktors μ ist natürlich keine absolute; sie ist ebenso abhängig von dem Untergrund der Sammelfläche, der für die mehr oder weniger große Versickerung maßgebend ist, wie auch von dem Klima der in Frage kommenden Gegend, insofern sehr trockne Bezirke — mit hohem Sättigungsdefizit der Luft eine stärkere Verdunstung aufweisen, als Gegenden mit durchschnittlich hoher Luftfeuchtigkeit, z. B. an der See gelegene Orte. Auch wenn man nur letzteren Gesichtspunkt gelten läßt, darf man den Faktor nicht schlechthin mit 0·7 annehmen, wie ihn von Esmarch (7) angibt. Für unsere Gegenden allerdings dürfte diese Zahl das Richtige treffen. In Gegenden mit starker Lufttrockenheit hingegen wird man bis auf 0·5 herunter zu gehen haben. Hiernach würde sich — $\mu = 0 \cdot 7$ angenommen — für eine bestimmte Leistung der Zisterne die Auffangefläche nach der Formel berechnen lassen: $F = \frac{Q}{0 \cdot 7 . h}$.

Man wird gut tun, für h den Wert eines trockenen Jahres einzusetzen und, um sicher zu gehen, die Auffangefläche möglichst groß zu gestalten.

Im zweiten Falle hat die Berechnung nach folgenden Gesichtspunkten zu erfolgen: Zunächst ist die Größe der Auffangefläche nach obiger Formel für den veranschlagten Wasserverbrauch eines Jahres zu berechnen. Ob die so erhaltene Ziffer ausreichend ist, hängt, da die Anlage fortwährend in Tätigkeit ist, von dem Verhältnis des Zuflusses zur Entnahme ab, das natürlich in den einzelnen Zeitabschnitten Schwankungen unterworfen ist; z. B. kann in den Wintermonaten der Zufluß größer sein als im Sommer.

während der Verbrauch sich umgekehrt verhält. Um dem Rechnung zu tragen, ist die Differenz von Zufluß und Entnahme für kleinere Zeitabschnitte, etwa für die einzelen Monate, in der Weise zu errechnen, daß daß die Restbestände am Ende der einzelnen Monate festgestellt werden; es wird z. B. von dem nutzbaren Ergebnis für die Zeit vom 1. bis 31. Januar die Entnahme im gleichen Zeitraum in Abzug gebracht, ebenso wie die Zeit vom 1. Januar bis Ende Februar, dann für die ersten 3 Monate und so fort. Alle diese Teilergebnisse müssen ein positives Resultat ergeben; ist das nicht der Fall, schließt also ein Zeitraum mit einem Defizit ab, so ist die nach obiger Formel errechnete Auffangefläche zu klein und muß vergrößert werden. Das Maß dieser Vergrößerung würde man rechnerisch bestimmen können, indem man die zuerst errechnete Größe mit dem Faktor $m > 1 + \frac{a}{q_n}$ multipliziert; hier bedeutet a das gefundene Negativsaldo, q die Zuflußmenge vom 1. Januar bis Ende des betreffenden Monats. Würde man diesen Faktor $m = 1 + \frac{a}{q_n}$ annehmen, so würde das Fazit am Ende dieses Monats $\pm$ 0 sein. Da man aber, wie wir später sehen werden, aus andern Gründen mit einem bestimmten Bodensatz der Zisterne als nicht verwendbarem Rückstand (V) rechnen muß, so wird man auch diesem, nicht zu sparsam zu bemessendem, Betrage Aufnahme in diesen Zuschlagsfaktor gewähren müssen, . indem man $m = 1 + \frac{a + V}{q_n}$ setzt. Mit diesem Koeffizienten ist die zuerst errechnete Auffangefläche also zu multiplizieren. Das so erhaltene Maß wird genügend sein, um in allen Zeitabschnitten der Zisterne genügende Wassermengen zuzuführen.

Das Fassungsvermögen des Aufbewahrungsraumes muß mindestens so groß sein, wie der höchste Überschuß des Zulaufes über die Entnahme eines der erwähnten Zeitabschnitte betrug. In feuchten Jahren kann natürlich der Fall eintreten, daß dieser Raum nicht alles Regenwasser faßt; es würde dann also ein Teil unbenützt verloren gehen. Der gewünschte Bedarf wird aber stets gedeckt werden können.

Eingehende Einzelheiten über diese vorstehenden Rechnungen, sowie auch eine graphische Darstellung der danach in jedem Augenblick vorhandenen Zisternenvorräte sind in den schon mehrfach erwähnten Handbüchern von Lueger (27) und Lueger-Weyrauch (28) zu finden. Eine nach diesem Muster durchgeführte Berechnung findet sich — auf die Versuchsanlage des Kieler Hygienischen Instituts angewendet — auf S. 70 dieser Arbeit. Dort habe ich auch die mir notwendig erscheinenden Abänderungsvorschläge erörtert. Es erscheint nicht ratsam, auf gut Glück die Größe der Auffangefläche und des Sammelbehälters abzuschätzen;

auch die Anweisung von Esmarchs (7): „Größe etwa dem vierteljährlichen Bedarf entsprechend, in regenarmen Gegenden natürlich mehr“, dürfte ebensowenig die notwendige Sicherheit gegen einen gelegentlich auftretenden Wassermangel bzw. gegen eine Überteuerung durch übermäßige Ausmaße der Anlage geben, wie die Forderung Ritters (38): „Jede Zisterne muß so groß sein, daß sie bei längster Dürre (2 Monate ohne Regen) nicht versagt. Zu diesem Zwecke sind auf den Kopf mindestens 2 cbm zu rechnen.“

Eine für jede Zisterne aufzustellende Benutzungsordnung wird dafür Sorge zu tragen haben, daß nicht über das zulässige Maß hinaus Wasser entnommen wird. Andererseits ist eine regelmäßige Erneuerung des Wassers von Vorteil für seine Güte. Zu hoch bemessene Reservevorräte sind daher vom Übel. Wird eine Regenwasserzisterne zu klein bemessen, so verfehlt sie ihren Zweck; ja es kann, wenn sie die alleinige Wasserversorgung darstellt, schwerer Schaden in Gestalt von Wassermangel eintreten. Auch eine direkte Schädigung der Gesundheit durch Genuß des minder reinen Bodensatzes hat man beobachten wollen: „Nach Prestel (36) u. a. steht die Sterblichkeit in den ostfriesischen Küstengegenden in umgekehrtem Verhältnis zur Stärke der Niederschläge: tritt reichlicher Regen ein, so sammelt sich in den Zisternen reichliches, relativ gutes Trinkwasser, und die Zahl der Erkrankungen ist gering; zu Zeiten der Dürre dagegen, wo der Vorrat in den Zisternen zur Neige geht, und man die unreineren unteren Schichten genießen muß, steigt die Morbidität.“ Man könnte allerdings gegen diese Statistik, die Mortalität und Morbidität nicht scharf auseinanderhält, einwenden, daß es unwahrscheinlich ist, daß, falls eine Zisterne überhaupt Krankheitskeime birgt, diese sich nur im Sediment befinden.

Aufbewahrung des Zisternenwassers.

Neben der Sammlung ist die Aufbewahrung Gegenstand einer Regenwasserversorgungsanlage. Über die dem Aufbewahrungsraum zu gebenden Abmessungen ist soeben das Notwendige gesagt worden. Hinzuzufügen wäre noch, daß es vorteilhaft ist, über dem mit Wasser angefüllten Raum einen genügend großen Luftraum vorzusehen, um den Gasaustausch zwischen Luft und Wasser zu begünstigen.

Die Lage des Aufbewahrungsraumes kann eine oberirdische oder eine unterirdische sein. Im ersten Falle wird an den Kosten der Ausschachtung gespart werden; die unterirdische Lage dagegen gewährleistet eher eine niedrige und gleichmäßige Temperatur des Wassers. Vielfach, z. B. in den großen Gasthäusern an der belgischen Küste, befinden sich daher die Zisternen noch unter dem Kellergeschoß. In den primitiveren Verhältnissen der Kolonien dagegen dient ein auf Betonklötzen stehender Eisentank von der Höhe des einstöckigen Hauses dem gleichen Zwecke. Bequeme Zugangsmöglichkeit zwecks Beaufsichtigung und Reinigung ist Hauptbedingung; die Lage unter dem Kellergeschoß empfiehlt sich daher trotz der angedeuteten Vorzüge nicht. Vielmehr wird das Augenmerk möglichst auf einen abseits von Wohnung und Stall schattig gelegenen Ort zu richten sein. Wird die oberirdische Lage gewählt, so ist durch Aufschüttung von Erde, die mit Rasen und schattenspendenden Bäumen zu bepflanzen ist, ein der unterirdischen Bauart ähnlicher Schutz gegen die Schwankungen der Außentemperatur anzustreben. Die Höhe der Erdüberdeckung soll nach Weyrauch (28) und nach A. Gaertner (13) mindestens 1 m betragen.

Die Form des Aufbewahrungsraumes: ob z. B. von viereckigem Querschnitt, wie die alte venetianische Zisterne, oder zylindrisch, ist nur insofern von hygienischem Interesse, als eine winklige Bauart für die Reinigung ungünstiger erscheint. Dagegen besteht anscheinend auf technischer Seite ein Zweifel darüber, ob eine Ausdehnung des Aufbewahrungsraumes in der Horizontalen oder der Vertikalen günstigere Bedingungen für das Wasser schafft. Während Nußbaum (32) eine Tiefe von 8 bis 10 m und mehr mit Rücksicht auf niedrigere Temperaturen des Wassers für wünschenswert hält, befürwortet Weyrauch (28) große Oberflächen und geringe Tiefen — 2 bis 3 m Wassertiefe — mit Rücksicht auf den Gasaustausch zwischen Luft und Wasser. Auch Gärtner (13) will das Reservoir nicht tiefer als 3 m gemacht haben. Da sich eine ausgiebige Lüftung des Wassers auch in anderer Weise erzielen läßt, z. B. dadurch, daß das Wasser beim Einlauf in den Aufbewahrungsraum wasserfallartig zerstäubt wird, wie bei der später beschriebenen Siphonzisterne, außerdem aber es zweifelhaft erscheint, ob eine Lüftung des beim Durchgang durch die Atmosphäre schon ausgiebig gelüfteten Regenwassers überhaupt notwendig ist, so erscheint mir die tiefe brunnenartige Form, die der Sedimentierung und Nichtaufrührung des Sediments bei der Entnahme günstiger ist, als die flache, für dauernd benützte Zisternen vorteilhafter zu sein. Bei solchen Regenwasseranlagen, die nur während eines Teils des Jahres, z. B. in der Trockenzeit, in Betrieb sind, wird freilich die Gewährung reichlichen Luftzutritts am Platze sein, da in ihnen das Wasser lange Zeit ohne Erneuerung stagniert.

Von Wichtigkeit ist die Wahl des Baumaterials für diese Anlage. Denn es muß, wie bei allen Wasserreservoiren, die absolute Sicherheit gewährleistet sein, daß weder von außen nach innen, noch umgekehrt ein Flüssigkeitsaustausch erfolgen kann. Durch den Angriff des Wassers auf das Baumaterial wird diese Sicherheit in Frage gestellt; außerdem kann der Übertritt chemischer Substanzen aus letzterem in das Wasser den Geschmack beeinträchtigen. Alle billigen Auskunftsmittel, wie Holzschalungen, die mit Asphaltpappe, Asphaltguß oder dergleichen überzogen sind, sind von vornherein abzulehnen; vielmehr ist die Herstellung aus undurchlässigem Zement für die ganze Zisterne — Weyrauch (28) beschränkt diese Forderung auf Boden und Decke — geboten. Ob aber damit die Unangreifbarkeit des Materials für Regenwasser völlig gewährleistet ist, scheint mir fraglich. Es ist bekannt, daß Wasser mit saurer Reaktion, die auf seinen Gehalt an freier sogenannter aggressiver Kohlensäure zurückzuführen ist, bei gleichzeitiger Armut an Bikarbonaten, Zement anzugreifen imstande ist. Indessen kommt dieser Fall hier — wenn auch Regenwasser stets eine saure Reaktion zu zeigen pflegt — kaum in Frage, da atmosphärisches Wasser, entsprechend dem geringen Kohlensäuregehalt der Luft, kohlensäurearm ist, worauf ja auch zum Teil sein fader Geschmack beruht; dagegen enthält es, besonders in Rauchgegenden, andere Säuren, so namentlich Schwefelsäure in wechselnder Menge, je nach der Luftbeschaffenheit des betreffenden Bezirks. Man wird also auch beim Regenwasser die Fähigkeit, zementierte Wände anzugreifen, zu vermuten haben. An der Versuchsanlage des Kieler Hygienischen Instituts habe ich bisher allerdings keine, in dieser Hinsicht beweiskräftige Beobachtungen machen können. Eine Besichtigung der Zisternenwandungen, die ich nach $1^1/_2$ jähriger Benutzung der Anlage vornahm, ergab keine sichtbaren oder fühlbaren Veränderungen der Zementoberfläche. Freilich glaubte ich anfangs aus der Wasserbeschaffenheit doch auf einen Angriff gegen die Zementierung schließen zu sollen, da der Kalkgehalt des Zisternenwassers sich als etwa um das Zwanzigfache gegen den des Regenwassers erhöht erwies, und auch ein starker Geruch und Geschmack nach Mörtel vorhanden war. Es handelt sich aber hier, wie die weitere Beobachtung zeigte, nur um die bei allen Zementbehältern durch jegliches Wasser stattfindende Auslaugung. Dieser Vorwurf trifft also nicht das Regenwasser als solches, vielmehr würde das auch anderes Wasser hervorgerufen haben. Der Grund für diese sehr störende Verunreinigung ist darin zu suchen, daß das frisch zementierte Becken mehrere Monate oder noch länger vor Beginn seiner Benutzung mit Wasser gefüllt hätte stehen bleiben müssen, um den Zement erst völlig auszulaugen. Da diese Auslaugung den Zement hinsichtlich seiner Undurchlässigkeit nicht beeinträchtigt, kann hier von einem eigentlichen Angriff auf das Baumaterial nicht gesprochen werden.

Indessen möchte ich die Frage offen lassen, ob nicht Regenwasser wegen seines Gehalts an Säure, den ich im Kieler Regenwasser allerdings niemals höher als 2 bis 3 ccm $^1/_{100}$ Normallauge entsprechend fand, nicht doch im Laufe der Zeit Zement anzugreifen imstande ist. Daß ich im vorliegenden Falle keine Zerstörung der Wände fand, ist aus zwei Gründen nicht absolut beweisend: erstens wegen der Kürze der Beobachtungszeit — 2 Jahre — zweitens, weil, wie ich Grund habe anzunehmen, daß das Regenwasser schon vor seinem Eintritt in den Aufbewahrungsraum beim Passieren des Sandfilters neutralisiert wurde. Durch Laboratoriumsversuche habe ich mich davon überzeugt, daß das vorher saure Regenwasser nach Durchtritt durch eine etwa 25 cm hohe Schicht von Sand und Kies eine leicht alkalische Reaktion zeigt. Diese Entsäuerung dürfte auf Bindung der Säure an basische Bestandteile des Sandes beruhen. Die bei vielen Zisternen vorgesehene Vorreinigung durch Sandfiltration hat also, wenn auch der Reinigungseffekt gering sein mag, den Vorteil, daß das Regenwasser von seinem immerhin nicht ungefährlichen Säuregehalte befreit wird, falls dem Sande etwas Kalkstein beigemengt wird, was auch der Geschmacksverbesserung dient. Ein solcher Zusatz wird allerdings nötig sein, da ohne ihn die im Sande vorhandenen Alkalien bald verbraucht sind: z. B. hat die Sandsperre in der Zisterne des Kieler Instituts nach $1^1/_2$ Jahren ihre säurebindende Fähigkeit verloren.

Die Abwehr gegen derartige Angriffe ist einzig und allein in einem Schutzanstrich gegeben, der Wasser und Zement nicht miteinander in Berührung kommen läßt. Ein solcher darf nur aufgetragen werden, wenn der Zement völlig trocken ist und ist mehrfach zu wiederholen. Als Schutzanstriche werden neben dem Asphalt noch andere Teerprodukte genannt, z. B. Siderosthenlubrose oder Inertol [Weyrauch (28), A. Gärtner (13)]. Ob diese auch dem Regenwasser gegenüber widerstandsfähig sind, ist nicht ohne weiteres sicher. Ich habe versuchsweise Regenwasser in einem heiß ausasphaltierten Topf gehalten und dabei nach einigen Tagen eine nicht unbeträchtliche Braunfärbung des Wassers festgestellt, die sein Aussehen stark verschlechterte. Übrigens lassen ja auch die Untersuchungsergebnisse W. Gärtners (14), der fand, daß frische Wandanstriche in Wasserbehältern zunächst vermehrtes Bakterienwachstum zur Folge haben, kaum eine andere Deutung zu, wie, daß organische Substanzen aus den Anstrichen in das Wasser übergehen. Bei saurem Regenwasser dürfte das mindestens in gleichem Maße der Fall sein.

Auf anderen Grundlagen, wie die erwähnten Schutzfarben, scheint das ganz neuerdings von Rohland empfohlene Chromol zu beruhen. Dieses Schutzmittel, das sowohl für Zement, wie auch für Eisen bestimmt ist, besteht aus Chromichlorid und Alkalidichromaten in öllöslicher Form: es widersteht nach Rohland Säuren wie Alkalien, dringt in die Poren der zu schützenden Masse ein, verdrängt die dort befindlichen Gase und bedeckt die Porenwandungen. Auch gegen Temperatureinflüsse soll es unempfindlich sein. Ich habe in einer mir von den Chromolwerken zur Verfügung gestellten Probe eine Zementplatte von der gleichen Art wie die oben erwähnte, mit diesem Schutzmittel mehrfach gründlich imprägniert und sodann in Regenwasser gelegt. Es trat sehr schnell eine starke Braunfärbung des Wassers ein, die auf Teerbeimengungen zu dem Chromol schließen läßt, was seine Bestätigung in dem teerartigen Geruch dieses Mittels findet. Abgesehen davon schien mir eine Erweichung des Zements unter dem Anstrich eingetreten zu sein, was ich im Kontrollversuch bei einer Zementplatte ohne Anstrich nicht bemerkt habe. Da mir die Fabrik auf eine Anfrage mitteilte, daß das Produkt als Kriegsware anzusehen sei, so möchte ich aber diese Versuche nicht als maßgebend betrachten.

Die Frage nach einem haltbaren und zuverlässigen Schutzanstrich ist jedenfalls, wie A. Gärtner (13) betont, noch nicht unbedingt gelöst; für Regenwasserversorgungen dürften sie als besonders dringlich anzusehen sein, wenn auch in industriearmen Gegenden — und nur für solche dürften ja Zisternen in Frage kommen — der Gehalt der Luft an Rauchgasen und damit der des Regenwassers an Mineralsäuren erheblich geringer sein dürfte.

Weiterhin kämen als Baumaterial für den Wasserbehälter vielleicht noch Backsteine in Betracht. Weyrauch (28) wendet hiergegen ein, daß in Jena eine Verunreinigung von Zisternenwasser dadurch zustande kam, daß die Wände aus stark gipshaltigen Ziegeln hergestellt waren. Übrigens dürfte auch die Porosität dieses Materials und das Vorhandensein zahlreicher, schwer dicht zu haltender Fugen es als wenig geeignet erscheinen lassen.

In Frage kämen dagegen wohl noch eiserne Behälter. Schilling (42) empfiehlt solche für tropische Regenwasserzisternen aus verzinktem Eisenblech: „Jede Kesselfabrik liefert solche Behälter in Platten zerlegt, so daß sie an Ort und Stelle mit Schrauben zusammengesetzt oder vernietet werden können. Auf solide Verzinkung muß Wert gelegt werden." Man würde sich diesem Vorschlage auch für europäische Verhältnisse anschließen können, wenn nicht die Gefahr des Angriffs auf die Verzinkung und sodann auf die eiserne Grundsubstanz der Wände infolge der sauren Eigenschaften des Regenwassers besonders groß wäre, wie in folgendem noch auseinandergesetzt werden wird. Namentlich die Verschraubungen oder sonstigen Nähte dürften zu Leckagen neigen, die die Zisterne sofort außer Betrieb setzen müßten. Ein zuverlässiger Schutzanstrich würde freilich diese Einwände abzuschwächen geeignet sein.

Als häufig für notwendig erachtete, besondere Einrichtungen des Aufbewahrungsraumes sind zu nennen: der Überlauf und der Grundablaß. Der erstere — auch wohl Überaich genannt — hat den Zweck einer Überfüllung des Behälters und Rückstauung des nach dem Überfließen verunreinigten Wassers entgegen zu wirken. Wo eine regelmäßige Überwachung des Zisternenbetriebes stattfindet, kann der Überlauf durch einen in die Zulaufleitung eingeschalteten Notablaß, der gleichzeitig zur Beseitigung des stärker verunreinigten ersten Anteils einer jeden Regenperiode dient — so im Hygienischen Institut zu Kiel — mit Erfolg ersetzt werden. Andernfalls erscheint der Überlauf unbedingt nötig. Er muß in jeder Hinsicht rückstaufrei angelegt werden; mündet er in einen, auch für andere Abwässer bestimmten Kanal, so ist dafür Sorge zu tragen, daß auch Gase, z. B. Schwefelwasserstoff, nicht ihren Weg in die Zisterne finden können, was am einfachsten durch Wasserverschluß — Siphon — [Ritter (38)] erreicht wird. Soll das Wasser in dem Boden der Umgebung der Zisterne versickern, so ist dessen Aufnahmefähigkeit für die zu erwartenden überschüssigen Wassermengen in Erwägung zu ziehen. Einer Versumpfung der Zisternenumgebung muß gegebenenfalls durch Ableitung des Wassers in weitere Entfernungen vorgebeugt werden.

Der Grundablaß dient zur Entfernung des Sediments, das sich am Boden der Zisterne abzusetzen pflegt. An sich scheint eine Schwächung der Zisternensohle durch eine solche Öffnung, die durch eine Drosselklappe verschließbar sein muß, nicht wünschenswert; wo aber Anschluß an eine Abwasserkanalisation vorhanden ist, wird man diese bequeme Gelegenheit zur Reinigung des Zisternenbodens gutheißen. Fehlt aber ein solcher, so scheint es mir nicht ratsam, fortgesetzt den Schlamm aus der Zisterne in ihrer nächsten Umgebung abzulagern, da allmählich eine Übersättigung des Bodens mit organischem Material eintreten kann. Wenn das auch, solange das Ventil des Grundablasses dichthält, gleichgültig erscheint, so sollten solche Gefahren doch besser von vornherein vermieden werden, um so mehr, als sich auch andere einfache Möglichkeiten zur Entfernung des Bodensatzes bieten, die bei der Besprechung der Sedimentierung noch weiter erörtert werden sollen.

Zusammenfassend läßt sich über den Aufbewahrungsraum sagen, daß die richtige Bemessung seiner Größe, seine örtliche Lage und die Unangreifbarkeit des Baumaterials in erster Linie von Bedeutung sind, während seine Form von weniger großer Wichtigkeit ist.

Die Verbindungsleitungen.

Zu den wesentlichen Bestandteilen der Regenwasserversorgungsanlage gehört sodann das gesamte Röhrenleitungssystem, das einerseits die Auffangefläche mit dem Aufbewahrungsraum verbindet und andererseits den letzteren den Benutzern zugänglich macht. Dieses Leitungssystem kann ein sehr einfaches und kurzes sein, wie bei den gewöhnlichen Regentanks; bei zentralen Regenwasserversorgungen aber, oder solchen, bei denen die Auffangefläche von dem Aufbewahrungsraum oder dieser von der Entnahmestelle weiter entfernt ist, wird dagegen die Verbindungsleitung eine größere Rolle spielen. Daß es übrigens auch mit mäßigem Kostenaufwand und ohne wesentliche technische Schwierigkeiten möglich ist, einem mehrstöckigen Haus in allen seinen Räumen das Regenwasser zuzuführen, wird die später beschriebene Anlage des Kieler Hygienischen Instituts zeigen.

Auch für diesen Teil der Wasserversorgungsanlage ist die Wahl eines geeigneten Materials von einschneidender Bedeutung. Das Nächstliegende und wohl auch am häufigsten zu Findende sind gußeiserne Röhren oder solche aus Eisenblech. Ihrer uneingeschränkten Anwendung steht aber die „Korrosionslust" des Regenwassers entgegen. Diese ist nicht nur durch den Gehalt desselben an Mineralsäuren, sondern vor allem auch durch dem Umstand bedingt, daß Regenwasser sich beim Durchgang durch die Atmosphäre mit Sauerstoff sättigt. Man kann behaupten, daß sich in einem mit Eisen in Berührung stehendem Regenwasser alle die Vorgänge abspielen, die uns, was die Löslichkeit des Eisens betrifft, überhaupt in der Wasserhygiene bekannt sind. Infolge des sauren Charakters des Regenwassers gehen — infolge von hydrolytischen Spaltungsvorgängen — erhebliche Mengen Eisen in Lösung, infolge des starken O-Gehalts des Wassers fällt ein Teil davon als Ferrihydroxyd aus — beide Vorgänge konnte ich an der Kieler Anlage beobachten —, und schließlich ist auch, wenn ich auch bisher zu einer diesbezüglichen Feststellung keine Gelegenheit hatte, nach den Angaben Wehners (49) nicht daran zu zweifeln, daß die Bildung von Rostwarzen oder Rostknollen an den Wandungen der Eisenrohre, die besonders den luftreichen sauren Wässern, also auch dem Regenwasser, zukommen sollen, im Laufe der Zeit sich geltend machen wird. Alle die mit diesen chemischen Vorgängen verbundenen Nachteile, wie schlechter Geschmack und schlechtes Aussehen des Wassers, Wuchern von Eisenbakterien, Verstopfung und Korrosion der Eisenrohre sind also bei Regenwasserleitungen besonders zu befürchten. Abhilfe durch Wahl eines anderen Metalls, wie Zink, in Form verzinkter oder massiv aus Zink gefertigter Rohre würde die genannten Mißstände nur zum Teil beseitigen, da saure Wässer natürlich auch Zink angreifen. Ob die Verwendung emaillierter Eisenrohre oder glasierter Tonröhren, die von Büsing (5) sowie Kröhnke (24) und Müllenbach empfohlen werden, praktisch überall durchführbar ist, ist zu bezweifeln. Auch hier kommt vielmehr alles auf einen schützenden Überzug an. Heißes Asphaltieren der Wasserleitungsrohre und sonstigen Eisenteile ist der übliche Ausweg; indessen finden sich, wie A. Gärtner (13) betont, in der Asphaltschicht stets kleine Lücken, die das Eisen dem Angriff des Wassers preisgeben. Auch hier würde das oben erwähnte Chromol, falls die von Rohland (39) geschilderten Eigenschaften sich bestätigen, einen Fortschritt darstellen.

Völlig zu vermeiden, als unmittelbar die Gesundheit gefährdend, ist die Verwendung von Blei zu irgendwelchen Teilen der Anlage, da Regenwasser natürlich stark bleilösend wirkt.

Die Entnahme des Zisternenwassers.

Die Entnahme des Wassers erfolgt bei vielen Zisternen durch Schöpfen mit einem Eimer, entweder freihändig oder nach Art der Ziehbrunnen. Mit Recht weist Plehn (35) für tropische Verhältnisse auf die damit gegebene reichliche Möglichkeit zur Verunreinigung durch die Gefäße und Hände der schöpfenden Farbigen hin; auch unter europäischen Bedingungen dürfte diese Gefahr nicht wesentlich geringer sein. Völliger Abschluß der Zisterne und Entnahme durch eine Pumpe oder, falls die Zisterne höher gelegen ist, durch ein Fallrohr mit Zapfhahn, ist unbedingt zu fordern. Hinsichtlich des Materials der Pumpen und Entnahmerohre gilt das oben Gesagte.

Die Lage des Entnahmerohres in der Zisterne ist zweckmäßigerweise in der Regel so zu bemessen, daß es nicht bis auf den Boden derselben reicht, sondern mindestens 0·5 m mit der Mündung über demselben bleibt. Der Grund für diese von vielen Seiten, so z. B. von Brix (3) befürwortete Maßnahme ist darin zu suchen, daß am Boden der Zisterne sich ein starkes Sediment aus organischem und anorganischem Material abzusetzen pflegt. Befindet sich das Entnahmerohr in genügendem Abstand von diesem Bodensatz, so wird ein Ansaugen desselben vermieden. Ein halber Meter Abstand dürfte in der Tat in der Regel dazu ausreichend sein.

Daß auf gute Beschaffenheit des Brunnenkranzes sowie Ableitung des zuviel geförderten Wassers, wie bei jeder anderen Pumpenanlage, geachtet werden muß, ist selbstverständlich.

Für tropische und subtropische Verhältnisse ist es von großer Wichtigkeit, daß alle Öffnungen in der gesamten Anlage, besonders auch der eventuell vorhandene Überlauf, mückendicht hergestellt werden, da die Zisternen, wie die Nachforschungen Mühlens (30) sowie W. Brünns (4) und L. Goldbergs in Palästina ergeben haben, als Brutstätte der Anophelen besonders zu fürchetn sind. Schilling (42) empfiehlt für diesen Zweck Nickeldrahtsiebe, deren Maschen entsprechend eng gehalten sein müssen.

Die Reinigung des aufgefangenen Regenwassers.

Eine nicht unbedingt mit dem Wesen einer Regenwasserversorgung zusammenhängende, aber doch fast regelmäßig mit ihr verknüpfte Frage ist die der Reinigung des Regenwassers. Die Beschaffenheit des letzteren ist abhängig von dem Grade der Luftverunreinigung und der Beschaffenheit der Auffangefläche; falls namentlich die letztere hygienisch einwandfrei wäre, so könnte man wohl von einem besonderen Reinigungsprozeß absehen. Jedenfalls erscheint es theoretisch unbegründet, wenn in manchen Lehrbüchern eine Filtration des Zisternenwassers als unerläßlich bezeichnet wird, um so mehr, als andere, natürliche Reinigungsmöglichkeiten gegeben sind, die bei umfangreicheren Oberflächenwasseransammlungen unter dem Begriff der Selbstreinigung des Wassers zusammengefaßt werden. Als künstliche Maßnahmen wären ihn für den hier behandelten Gegenstand gegenüber zu stellen: 1. Die Waschung der Auffangefläche durch den jeweiligen ersten Anteil eines Regenfalls und die Fernhaltung dieses Waschwassers von der Zisternenanlage; 2. wie schon erwähnt, eine Filtration.

Als Selbstreinigungsvorgänge kommen hier einmal die Sedimentierung und zweitens die Ausfaulung in Betracht.

Da eine Regenwasserversorgung ohne Aufspeicherung des Regenwassers undenkbar ist, so ist während der letzteren für die Sedimentierung, d. h. das Absitzenlassen aller im Wasser schwebender Stoffe, die teils vom Regenwasser aus der Luft oder von der Auffangefläche mitgerissen werden, wie Staubteilchen, Bakterien usw. oder durch chemische Vorgänge sich aus ihm abscheiden, wie z. B. Eisenhydroxyd, ohne weiteres Gelegenheit geboten. Die Einrichtung eines besonderen Klärbeckens ist also nicht unbedingt erforderlich. Um das Sediment nicht von vornherein allzu umfangreich werden zu lassen, wird das Wasser in der Regel an passender Stelle vor dem Eintritt in die Zisterne einen oder noch besser mehrere Roste von verschiedener Maschenweite passieren, damit grobe Verunreinigungen, wie z. B. Blätter, die der Wind auf die Auffangefläche geweht hat, ferngehalten werden. Man muß aber damit rechnen, daß Körper, die spezifisch leichter sind als Wasser, sich nicht zu Boden setzen, sondern auf der Oberfläche schwimmen. Man kann das z. B. an feinen Rußflöckchen beobachten. Um zu vermeiden, daß solche in das Trinkwasser gelangen, hat man dafür zu sorgen, daß die Pumpe niemals Wasser aus den obersten Schichten ansaugt; mit anderen Worten: das Wasser darf nicht zu stark abgepumpt werden, und der Reservevorrat ist nicht zu niedrig anzusetzen.

Da die Sedimentierung die einfachste Art der Selbstreinigung darstellt, wird bei Anlage der Zisterne auf sie weitgehende Rücksicht zu nehmen sein; ja, sie sollte für die dem Sammelbecken zu gebende Form meines Erachtens maßgebend werden. Anzustreben ist möglichst rasches und ungestörtes Vorsichgehen der Sedimentierung, Gewinnung eines auf möglichst engem Raum konzentrierten, der Entnahmezone tunlichst entrückten Bodensatzes, Vermeidung jeglicher Aufwirbelung desselben durch Erzeugung von Strömungen beim Zutritt neuen oder bei der Entnahme des aufgespeicherten Regenwassers. Ein flaches Sammelbecken wird der Erfüllung dieser Forderungen weniger günstig sein, wie ein tiefes brunnenartiges. Mag auch der Gasaustausch zwischen Wasser und Luft im ersten Fall leichter und in größerem Umfang vor sich gehen, worauf, wie schon oben bemerkt, Weyrauch (28) Wert legt, so ist für die Sedimentierung und das ungestörte Verweilen des Sediments, fern von der Entnahmezone, eine größere Tiefe sicher vorteilhafter; da das Regenwasser sich beim Durchgang durch die Atmosphäre mit Sauerstoff reichlich beladen hat, scheint mir eine weitere Lüftung weniger wertvoll, als eine möglichst weitgehende Klärung durch Sedimentierung. Die Gestaltung der Wände der Zisterne sollte dem Rechnung tragen durch Vermeidung unnötiger Winkel, sowie durch Anordnung möglichst glatter Flächen und durch Verjüngung des unteren Teils der Zisterne, der die Gestalt einer Pyramide oder eines Kegelstumpfes haben sollte. Diese Bauweise wird auch der nicht zu selten vorzunehmenden Entfernung des Sediments günstig sein, wenn nämlich in den so ausgestalteten Bodenteil ein Sinkkasten eingepaßt wird — ähnlich wie in den Gullies —, der von nicht größerem Durchmesser, als der in der Decke der Zisterne vorzusehende Einsteigeschacht durch letzteren nach oben und unten befördert werden kann (vgl. Fig. 3). Diese Art der Entfernung des sich sammelnden Schmutzes scheint mir allen anderen Reinigungsmöglichkeiten an Einfachheit überlegen zu sein, und je einfacher diese Möglichkeit gestaltet wird, um so öfter wird von ihr, auch unter primitiven Verhältnissen, Gebrauch gemacht werden. Daß der Betrieb der Regenwasserversorgung bei meinem Vorschlag eine geringere Störung erfährt als bei Entleerung und Säuberung der Zisterne, dürfte ebenfalls als vorteilhaft anzusehen sein. Mit einem Grundablaß wird man, vorausgesetzt, daß auch in diesem Falle der Boden der Zisterne eine sich nach unten verjüngende Form erhält, das gleiche erreichen können: über die unter Umständen mit einem solchen verknüpften Nachteile ist oben bereits gesprochen worden.

Bei der Entnahme des Wassers ist die Aufrührung des Bodensatzes zu vermeiden, besondes beim Schöpfen mit Eimern wird das nicht leicht sein; doch ist dieses Verfahren, wie schon mehrfach betont, vom hygienischen Standpunkte aus überhaupt unzulässig. Aber auch bei der Entnahme durch eine Pumpe oder durch Abfließen des Wassers durch eine Röhrenleitung nach einer tiefer gelegenen Zapfstelle, kann durch die erzeugte Strömung eine Einwirkung auf den Bodensatz erfolgen, falls nicht der Saugkopf der Pumpe bzw. das Mundstück des Rohres so gelegt werden, daß eine solche ausgeschlossen ist. Die meisten Autoren begnügen sich damit, eine gewisse Entfernung — 0·3 bis 0·5 m — vom Boden der Zisterne zu fordern. Bei einer einigermaßen kräftigen Pumpe dürfte aber auch dann noch eine ansaugende Wirkung auf die Sedimentschicht, die doch eine gewisse Höhe hat, ausgeübt werden. Deswegen erscheint es mir wünschenswert, wenn die Abflußöffnung aus der eigentlichen Zisterne heraus in eine, in der nötigen Höhe über der Zisternensohle gelegene seitliche Nische oder noch besser, in einen besonderen, mit der Zisterne kommunizierenden Brunnenschacht verlegt wird. Die beigegebene Skizze soll zur Erläuterung dieser Anordnung dienen (Fig. 3).

Man kann den gewünschten Erfolg einer ungestörten Sedimentierung auch dadurch erreichen, daß zwischen Aufnahmefläche und Aufbewahrungsraum eine besondere Absitzkammer eingeschaltet wird. Oder aber man teilt, wie Weyrauch (28) es vorschlägt, die Zisterne durch eine bis fast an die Decke reichende Wand in zwei annähernd gleiche Teile: das Wasser klärt sich in der einen Hälfte und steigt dann über die Wand in die zweite, aus der die Entnahme stattfindet. Von Esmarchs (7) Taschenbuch empfiehlt Teilung der Zisternen durch eine halbsteinstarke Wand aus porösen Steinen, die mit Zement vermauert sind. Der Zulauf soll in die eine, die Pumpe in die andere Abteilung geleitet werden; das Wasser müßte also durch die Steine hindurch passieren und würde dabei eine Art Filtration erfahren.

Jedenfalls erscheint es angebracht, der Frage der ungestörten Sedimentierung sowie der bequemen Entfernung des Sediments bei Anlage einer Regenwasserversorgung besondere Aufmerksamkeit zu widmen, da hierin der Hauptfaktor für die Reinigung und Reinerhaltung des Wassers zu suchen ist. Weiß (50), der die Zisternen der Nordseeküste untersucht hat, kommt zu dem gleichen Urteil; er schlägt vor, auf Filter überhaupt zu verzichten und eine erhöhte Zahl von Schlammfängern, d. h. kleinen Absitzbecken vorzusehen, die das Wasser nacheinander zu durchströmen hat.

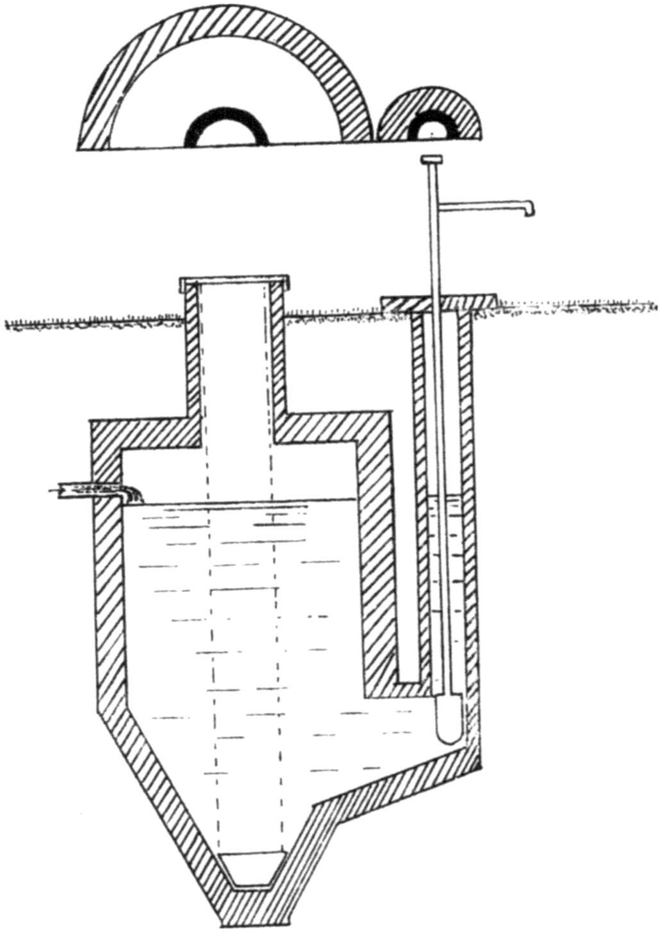

Fig. 3.

Eine künstliche Unterstützung des Absitzvorganges durch Zusatz von Stoffen, die diesen begünstigen, etwa wie bei den amerikanischen Schnellfiltern, kommen für Regenwasserversorgungen nicht in Frage. Ich möchte aber nach meinen Erfahrungen im Kieler Hygienischen Institut annehmen, daß die reichliche Ausscheidung von Eisenrost, die das Ergebnis des auf der Dachfläche von den dort vorhandenen Eisenbeschlägen in Lösung gegangenen und dann ausgefallenen Eisens ist, einen günstigen Einfluß auf die Sedimentierung ausüben kann, wobei ich an das Andersensche Reinigungsverfahren: Schütteln des Wassers in einer Trommel mit Eisenstücken — Aufnahme von Eisen, Ausscheidung bei Luftzuführung, Sedimentierung — erinnern möchte. Aus diesem Grunde erscheint es mir unnötig, ja vielleicht nicht einmal geraten, das Wasser vor dem Sedimentierungsprozeß durch die oben erwähnten Maßnahmen vor der Berührung mit Eisenteilen bewahren zu wollen. Wichtig dagegen ist es, das gereinigte Wasser eisenfrei zu erhalten. Wird eine Filtration für nötig gehalten, so sollte sie aus dem gleichen Grunde erst nach Ablauf der Sedimentierung, am besten vielleicht erst im Augenblick der Entnahme, wie bei den amerikanischen Zisternen erfolgen. Ein Übertritt des ausgefallenen Eisenhydroxyds in die Entnahmeleitung aber ist, da es das Aussehen des Wassers schädigt, zu vermeiden.

Als weiterer natürlicher Reinigungsvorgang käme, wie besprochen, die Ausfaulung in Betracht. Wenigstens erwähnen manche Lehrbücher eine solche als ein bei Zisternenanlagen regelmäßig auftretendes Ereignis: z. B. sagt Nußbaum (32): „Während am Boden der Becken die Lebenstätigkeit der Bakterien sich fortsetzt und erst nach längerer Zeit zum Abschluß gelangt, erweist sich im brunnenartigen, durch Deckel geschützten Becken das Wasser nach dem Faulungsvorgang als klar, geruchlos und arm an kleinen Lebewesen.“ Es wird also hier ohne weiteres angenommen, daß Zisternenwasser fäulnisfähiges Material in genügender Menge enthält. Rubner (41) dagegen hat diesen Vorgang nicht regelmäßig beobachtet: „Das Wasser ist meist stark verunreinigt und fängt bisweilen an, in der Zisterne in lebhafte Zersetzung zu geraten, bis die Hauptmasse der Unreinlichkeit zersetzt ist; dann klärt es sich.“ Andere, z. B. Büsing (5), fanden einen Fäulnisprozeß nur zur Sommerzeit, also bei hohen Temperaturen. Daß Fäulnisvorgänge, d. h. Zersetzungen organischen Materials unter Bildung von Schwefelwasserstoff und anderen übelriechenden Verbindungen in der Tat bei manchen Regenwasserversorgungen vorkommen, beweist unter anderem die Mitteilung Fingers (9), daß die Zisternenwässer in den Marschen wegen ihres im Sommer oft fauligen Geruchs zum Trinken nichtgeeignet seien. Die gleichzeitige Erwähnung, daß diese einen Reichtum an Algen und kleinen Tieren aufzuweisen haben, zeigt aber, daß die Anlage dieser Regenwasserversorgungen offenbar eine recht primitive ist. Auch Guttmann (16) spricht vom „Blühen“ der Zisternenwässer im Juni.

Eine ausführliche Schilderung dieses Vorgangs finde ich in dem eben zitierten Manuskript von Weiß (50): „Wenn es von Zeit zu Zeit regnet und so immer frisches Wasser zu dem Vorrate in der Zisterne kommt, so bleibt es, wenn er nicht allzu gering ist, leidlich gut. Tritt aber eine längere Zeit anhaltende, regenarme oder regenlose Zeit ein, so fallen die im Zisternenwasser enthaltenen organischen Bestandteile dem Verwesungsprozesse anheim und zersetzen sich. Es haben also dann solche Arten von Bakterien die Bedingungen zu ihrem Gedeihen gefunden, welche diese Zersetzungsprozesse veranlassen. Dabei wird das Wasser mehr oder weniger trübe und nimmt einen faulen Geruch und Geschmack an. Dieser Vorgang ist indes in kurzer Zeit vollendet. Der widerliche Geruch, den das Wasser in dieser Zeit hat, wird dadurch veranlaßt, daß die betreffenden Bakterien bei ihren Lebensvorgängen besonders übelriechende Gasarten bilden. Letztere steigen in kleinen Blasen nach oben und gehen in die über dem Wasser befindliche Luft über, andrerseits fallen die ausgeschiedenen, im Wasser unlöslichen Bestandteile nach dem Gesetze der Schwere zu Boden. Während dieses Zersetzungsvorganges sagt man an der Nordseeküste von dem Wasser: „es kehrt sich“. Nach Beendigung dieses Vorganges oder „wenn es sich gekehrt hat“ wird es wieder hell, durchsichtig, geruch- und geschmacklos. Es sind dann die niederen Tierleben nachteiligen Stoffe ausgeschieden, so daß sich jetzt eine Menge von zur Ordnung der Kieferfüßer (Entromostraceen) gehörenden kleinen Tiere einstellen, die sich lebhaft in ihm bewegen. Der Wasserfloh (Cypris conchacea), der Hüpferling und die Wasserläuse (Daphnia pulex, Cyclops quadricornis, Cyclops staphylinus) kommen nun zuweilen in unzähliger Menge in ihm vor. Solange diese Tierchen lebenskräftig in dem Wasser umherschwimmen, ist das Wasser gesund und gibt, nachdem man es durch ein Haarsieb gegossen und so von den Tierchen gereinigt hat, ein klares, geruchloses und geschmackloses Trinkwasser ab. In solchem Zisternenwasser dagegen, dessen Genuß dem Menschen nachteilig sein würde, gehen auch diese Tierchen zugrunde. Wenn das Wasser nach längerer regenarmer Zeit bis auf einen kleinen Rückstand aufgebraucht ist, so findet man die Leichen jener Entromotraceen in ihm treiben. Das ist ein unfehlbares Zeichen, daß das nun noch vorhandene Wasser verdorben ist und ohne Nachteil als Trinkwasser nicht mehr benützt werden kann.“ An dieser aus der Praxis stammenden Schilderung interessiert zunächst die Tatsache, daß das Vorhandensein einer auch dem unbewaffneten Auge sichtbaren Fauna, die gewissermaßen als Indikator für die Genußfähigkeit des Wassers angesehen wird, mit einem gewissen Wohlwollen behandelt wird, obwohl doch damit die Appetitlichkeit des Wassers von vornherein schon verneint wird. Im übrigen dürfte in dem Absterben dieser Tierchen wohl nichts anderes als ein Zeichen für die eintretende Sauerstoffarmut des Wassers zu suchen sein.

Da die Sommer an der Nordseeküste verhältnismäßig kühl sind, scheint die Gefahr der Fäulnis für wärmere Klimate noch erheblich gesteigert. Denn als eine Gefahr muß trotz der Aussicht auf spätere Klärung die Fäulnis angesehen werden; da bei Zisternen mit kontinuierlichem Betrieb die Zufuhr frischen Wassers und damit noch unzersetzten organischen Materials niemals aufhören würde, würde auch die Fäulnis — jedenfalls in warmen Gegenden — einen ständigen Charakter erhalten, und damit das Wasser seines unappetitlichen Geruchs und Geschmacks wegen als Trinkwasser von vornherein ausscheiden und auch zu Gebrauchszwecken beeinträchtigt werden.

Meiner Meinung nach aber sind die erwähnten Beobachtungen unter Bedingungen gemacht worden, die von vornherein die Gewinnung eines gebrauchs- und genußfähigen Wassers ausschlossen, insofern das Regenwasser schon von der Auffangefläche stark mit organischem Material beladen in die Zisterne kam. Ich habe in der Regenwasserversorgung des Hygienischen Instituts in Kiel niemals — auch in dem heißen Sommer 1917 nicht — derartige Beobachtungen machen können, obwohl die Auffangefläche, eine teils mit Schiefer, teils mit Dachpappe gedeckte Dachfläche, keineswegs für diesen Zweck besonders hergerichtet war, allerdings die an eine Auffangefläche zu stellenden Aufforderungen durchaus erfüllte. Auch bei einigen Laboratoriumsversuchen habe ich mich nicht davon überzeugen können, daß das auf einem Dache von durchschnittlicher Sauberkeit aufgefangene Regenwasser einen Klärungsprozeß durch Ausfaulung durchmacht. Ich habe mehrere Wasserproben, die nach Passieren des Daches aus der Regenrinne aufgefangen waren, Wochen und Monate hindurch sowohl bei Zimmertemperatur als auch sogar im Brutschrank gehalten, ohne daß Zeichen von Fäulnis, d. h. Schwefelwasserstoffbildung, sich bemerkbar gemacht hätten. Wenn es also unter solchen Bedingungen zu einer Fäulnis nicht kam, so wird in einem unterirdischen Aufbewahrungsraum mit seiner niedrigeren Temperatur erst recht eine solche vermieden werden können, vorausgesetzt, daß das Wasser von seiner Auffangefläche her in genügend sauberer Verfassung in die Zisterne eintrat. Ich möchte also in teilweisem Gegensatz zu den obigen Autoren annehmen, daß ein Fäulnisprozeß in der Zisterne nicht ein normaler Vorgang, sondern ein Zeichen dafür ist, daß in der Anlage oder Pflege der Regenwasserversorgung Mißstände bestehen. Meist dürfte es sich wohl um Verschmutzung der Auffangefläche handeln.

Von künstlichen Maßnahmen zur Reinigung bzw. Reingewinnung des Regenwassers ist in erster Linie als notwendig und leicht anwendbar die Fernhaltung des ersten bei einsetzendem Regenfall von der Auffangefläche ablaufenden Wassers zu erwähnen. Da in den Zwischenpausen zwischen zwei Regenfällen, namentlich bei sonstiger starker Trockenheit, die Sammelflächen der Verunreigung durch Staub, Ruß usw. ausgesetzt sind, so ist das zunächst abfließende Wasser entsprechend stärker mit solchen Stoffen beladen als das spätere. Durch Fernhaltung des ersten Anteils wird also für die Reinhaltung des Zisternenwassers viel getan. Eine Vorstellung von der Menge des so der Regenwasserversorgung erspart bleibenden organischen Materials läßt sich aus der Tatsache gewinnen, daß z. B. das erste im Dezember, also in einer regenreichen, und dementsprechend im allgemeinen staubfreien Periode, von dem Dache des Hygienischen Instituts ablaufende Wasser fast die doppelte Permanganatmenge reduzierte, wie die das nach etwa einer Viertelstunde aufgefangene. Daß die Differenz nach längerer Trockenzeit, namentlich im Sommer, noch erheblich größer sein wird, kann ohne weiteres angenommen werden. Feststehende Regeln für die Menge des zu beseitigenden Wassers lassen sich nicht geben, da diese von der Größe und Neigung der Auffangefläche sowie besonders von dem Grade ihrer Verschmutzung abhängig ist. Die Beseitigung des Schmutzes auf den Auffangeflächen kann angestrebt werden entweder dadurch, daß in die Dachrinnen Schmutzfangkästen eingeschaltet werden, die natürlich möglichst oft zu reinigen sind, oder durch Anbringung eines Zweiwegehahns im Verlaufe des das Wasser von der Auffangefläche zu der Zisterne hinleitenden Fallrohres, der es ermöglicht, das Regenwasser nach Belieben, entweder in die Zisterne oder in ein Abflußrohr zu leiten. Diese Einrichtung setzt allerdings Bedienung durch Menschenhand, also dauernde Beaufsichtigung voraus, hat aber den Vorzug, daß eine Nuancierung, je nach dem Grade der Verschmutzung der Auffangefläche möglich ist. Einen, für kleinere Hauszisternen berechneten, selbsttätigen Separator gibt Schilling (42) in seiner Tropenhygiene an; dieser fängt das zuerst vom Dach abfließende Wasser auf, entleert es selbsttätig, nachdem sich eine gewisse Menge angesammelt hat, und leitet das nachfolgende nach dem Aufbewahrungsraum. Die Fig. 4 zeigt diese verhältnismäßig einfache Vorrichtung, die nach Schilling in folgender Weise funktioniert: wenn Wasser aus der Dachrinne in den Behälter B rinnt, so rückt sein Schwerpunkt über den Drehpunkt d nach S_1, der Kasten wird in der Richtung des Pfeiles kippen, wobei das Rollgewicht f nach vorn rollt. Gleichzeitig stellt sich die Rinne h unter die Regentraufe i und leitet das Wasser durch den Trichter l in den Tank a. Um den Separator wieder instand zu setzen, braucht man ihn nur zu heben, dann rollt das Gewicht wieder nach hinten und hält den Kasten fest. Durch die Einstellung des Gewichtes f mit Hilfe einer Stellschraube, kann man die Lage des Schwerpunktes s und damit die Wassermenge, die den Kasten zum Umkippen bringt, variieren. Der Vorteil der Vorrichtung besteht in erster Linie wohl darin, daß auch nächtlicher Regen der Zisterne zugute kommen kann, ohne daß die erste Regenmenge mit in Kauf genommen werden muß.

Verunreinigtes Wasser gar nicht erst aufzufangen, scheint mir dem Grundsatze: Principiis obsta .... besser zu entsprechen, als nachträglich

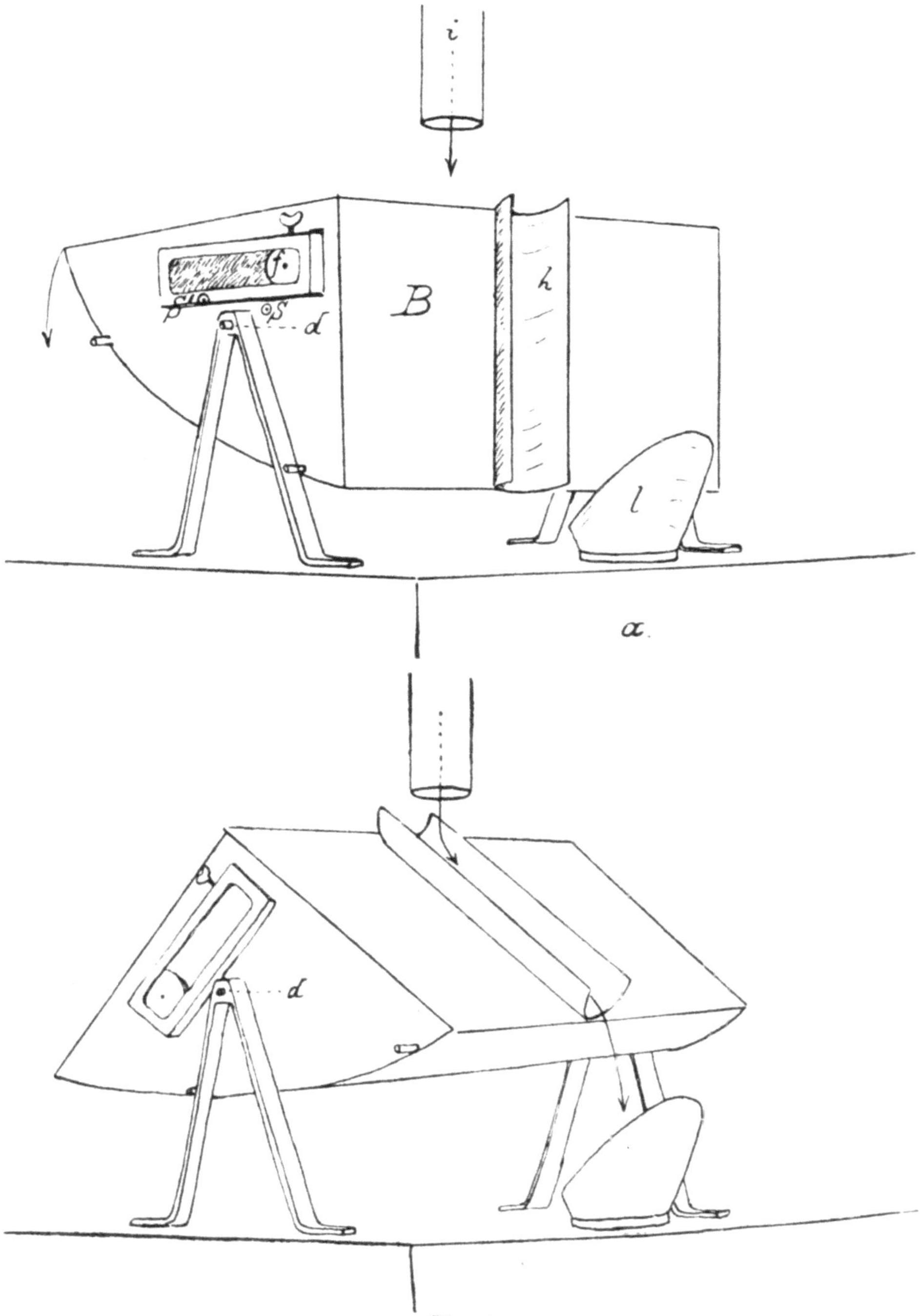

Fig. 4.
Automatischer Separator (nach Schilling).

sich auf die Filtration zu verlassen. Indessen sprechen sich die meisten Lehrbücher für die Notwendigkeit oder doch wenigstens die Zweckmäßigkeit einer solchen aus. Vermutlich spricht hier die Gewohnheit mit, Oberflächenwasser und namentlich Flußwasser in unfiltriertem Zustande als für den menschlichen Genuß ungeeignet zu betrachten. Nun muß man freilich das Regenwasser nach seiner Berührung mit den Auffangeflächen dem Begriff „Oberflächenwasser" unterstellen; es unterscheidet sich aber ganz wesentlich von den anderen hierzu gehörigen Wässern dadurch, daß seine Sammlung und Zuführung nur auf Flächen bzw. in Leitungen erfolgt, deren hygienische Eigenschaften mit denen eines Flußbettes oder des Bodens einer Talsperre nicht verglichen werden können. Zudem sind die für Zisternen in Frage kommenden Flächen erheblich kleiner, auch leichter zu beaufsichtigen und im wesentlicheln von unerwünschten Berührungen durch menschliche und tierische Abfallstoffe abschließbar. Eine zwingende Notwendigkeit für die Filtration des Regenwassers scheint mir also nicht vorzuliegen. Andererseits stehen einer solchen auch erhebliche Schwierigkeiten entgegen, namentlich dann, wenn eine gegen Mikroorganismen gerichtete Sandfiltration angestrebt wird. Alle die Forderungen, die an eine regelrechte langsame Sandfiltration gestellt werden müssen, wie Schichtdicke des Filters, Regelung des Filtrationsdruckes, Bildung einer Filterhaut (nach älterer Auffassung) oder Eintritt einer biologischen Filterwirkung (Kißkalt), Geschwindigkeit der Wasserbewegung können von einer Regenwasseranlage — abgesehen von der Schichtdicke — nicht erfüllt werden, weil der Zufluß des Wassers nicht ein kontinuierlicher, sondern von unregelmäßigen Pausen unterbrochen ist. Allenfalls wäre es denkbar, bei umfangreichen zentralen Regenwasserversorgungen zunächst größere Mengen zu speichern, dann von Zeit zu Zeit einen Sandfilter zu beschicken, und schließlich das Filtrat wiederum bis zum Gebrauch aufzubewahren. Aber auch hier würde die verhältnismäßig häufig eintretende Notwendigkeit, jedesmal einen vorher ruhenden Filter erst wieder einzuarbeiten, Schwierigkeiten machen.

Betrachten wir, unter Berücksichtigung des Gesagten, die in der Literatur wiedergegebenen Entwürfe von Filterzisternen, so zeigt sich, daß bei keinem, von der venetianischen Zisterne vielleicht abgesehen, im Ernst von einer regelrechten Sandfiltration gesprochen werden kann. Forchheimer (10) fügt denn auch seiner in Prausnitz' Atlas und Lehrbuch der Hygiene enthaltenen Abbildung einer mit Reinigungsvorrichtungen reich bedachten Zisterne — sie weist eine gesonderte Vorkammer, Filterkammer und Reinwasserkammer auf — die Erklärung hinzu: „ein eigentlicher Filterbetrieb, der auch Keime entfernen muß, ist nicht in Aussicht genommen.“ Noch weniger können die sogenannten amerikanischen Zisternen, bei denen die Filtration durch einen den Saugkopf des Entnahmerohres umgebenden Filterkorb vorgenommen wird, Anspruch auf eine der langsamen Sandfiltrationen gleichwertigen Wirkung machen. Dazu ist die filtrierende Sandschicht, wie bereits von Brix (3) betont wurde, nicht dick genug. Wenn also meistens eine Filtereinrichtung vorgesehen wird, so ist von ihr nicht mehr als ein Abfangen sichtbarer Trübung, d. h. ein „Schönen“ des Wassers zu erwarten.

Eine regelrechte, gegen mikroskopisch kleine Bestandteile des Wassers gerichtete Filtration ist mithin in der Regel als praktisch unausführbar zu bezeichnen; sie ist auch bei einwandfrei aufgefangenem Regenwasser — im Gegensatz zum Flußwasser — nicht unbedingt geboten. Eine Schönungsfiltration ist zur Ergänzung der sonstigen Reinigungsmaßnahmen durchaus angebracht, wenn auch, bei sonstiger genügender Reinigung, vielleicht entbehrlich.

Hervorzuheben ist noch, daß eine solche grobe Filtration ihren Zweck dann zum Teil verfehlt, wenn das Wasser nach Passieren des Filters noch mit Eisen, z. B. in der Hausleitung, ausgiebig in Berührung kommt, da sich dann durch Bildung von Eisenhydroxyd eine neue Trübung des Wassers bilden kann. Das Prinzip der amerikanischen Zisterne: die Filtration erst im Augenblick der Entnahme durch die Pumpe vorzunehmen, ist daher nicht unbegründet. Wird das Regenwasser von der Entnahmestelle aus noch weiter durch ein Rohrnetz im Hause verteilt, wie das bei der Kieler Regenwasserversorgungsanlage der Fall ist, so wäre vielleicht die Anordnung kleiner Hausfilter trotz ihrer bekannten geringen Leistungsfähigkeit an den wichtigsten Zapfstellen zu empfehlen.

Als Filtermasse kommt außer Sand allenfalls noch Kohle in Betracht. Schwämme, Wolle, Späne, Moose, Leinwand, poröse Steinplatten (Bimsstein usw.) sind erfahrungsgemäß [Weyrauch (28)] auf die Dauer unzulänglich sowie hygienisch nachteilig.

Die Reinigung des Regenwassers wird, wenn wir das bisher Gesagte noch einmal zusammenfassen, im wesentlichen auf natürlichem Wege durch Sedimentierung vor sich zu gehen haben, während von künstlichen Maßnahmen in erster Linie die Fernhaltung des schmutzführenden ersten Anteils einer jeden Regenperiode zu nennen ist. Eine Filtration zur weiteren Schönung des Wassers ist nicht unbedingt nötig, aber zur Ergänzung der eben genannten Vorgänge nützlich.

Verbesserung des Regenwassers.

Schließlich wäre noch die Möglichkeit einer Verbesserung des Regenwassers zu erwähnen. Die Nachteile des Regenwassers sind im wesentlichen: sein fader Geschmack infolge seiner Armut an Kohlensäure und vielleicht auch an Salzen, ferner sein Säuregehalt, und schließlich sein Reichtum an zwar nicht pathogenen, aber doch störenden Mikroorganismen. Verbesserungsversuche müßten sich also gegen diese Eigenschaften richten. Weit verbreitet ist das Verfahren, allzu weiches Wasser durch Zusammenbringen mit Kalksteinstücken härter zu machen, wodurch eine Geschmacksverbesserung angestrebt wird, die beim Regenwasser sehr wünschenswert wäre. Es erscheint mir auch nicht aussichtslos, die Bindung der Säuren des Regenwassers in ähnlicher Weise durch Berührung des Wassers mit kohlensaurem Kalk zu versuchen; so ist bei Wässern anderer Herkunft z. B. Marmorkies bereits zur Bindung aggressiver Kohlensäure verwendet worden. Am praktischsten wäre es wohl, den Kalkstein dem Sande eines eventuell vorhandenen Schönungsfilters zuzusetzen.

A. Gärtner (13) erwähnt die Möglichkeit, das Regenwasser zu ozonisieren, sowohl um Geruch und Geschmack zu verbessern, als auch um eine Sterilisation anzustreben. Seine hierbei erwähnten Bedenken gegen die Unzuverlässigkeit der kleinen Hausozonisierungsapparate möchte ich durch den weiteren Einwand unterstützen, daß da, wo Einzelregenwasserversorgungen in Betracht kommen, auf verständnisvolle Bedienung komplizierter Apparate möglichst wenig gerechnet werden, im Gegenteil die ganze Anlage möglichst einfach gehalten werden sollte; auch dürfte bei der Wasserarmut der in Frage kommenden Gegenden die Beschaffung des nötigen elektrischen Stromes nicht leicht sein. Dagegen würde sich mit größeren Zentralanlagen, die sowieso schon eine geschulte Bedienung voraussetzen, eine Ozonisierungseinrichtung ohne weiteres verbinden lassen und wahrscheinlich unter Zuhilfenahme eines Fällungsverfahrens zur Minderung der organischen Substanz eine beträchtliche Verbesserung des Regenwassers bewirken.

In diesem Zusammenhange muß noch die Frage gestreift werden, wie es möglich ist, eine durch Krankheitskeime infizierte oder doch infektionsverdächtige Zisterne zu desinfizieren. Wollte man dies nach den für die Desinfektion von Kesselbrunnen geltenden Vorschriften zu bewerkstelligen suchen, etwa durch Eingießen von Kalkmilch oder Chlorkalkmilch, so wäre der gesamte aufgespeicherte Wasservorrat verloren und der Zisternenbetrieb für mehr oder weniger lange Zeit lahmgelegt. Man wird vielmehr bestrebt sein müssen, dem keimfrei zu machenden Wasser seine Genußfähigkeit zu erhalten; hierfür kommt zurzeit wohl kaum etwas anderes in Betracht als eine Sterilisierung mittels Chlor, wie sie ja in Amerika längst üblich ist. Nikolai (31) hat sich mit dieser Frage sowohl in Laboratoriums- als auch in praktischen Desinfektionsversuchen an mehreren Zisternen verschiedener Größe befaßt und dabei (wie auch andere Autoren) gefunden, daß es nötig ist, die im Regenwasser im Verhältnis zu anderen Wässern in der Regel erheblich erhöhte Menge der organischen Substanz zu berücksichtigen, insofern diese wie auch anorganische im Wasser enthaltene leicht oxydable Substanzen (wie Ferrosalze, Nitrite, Sulfide) beträchtliche Mengen aktiven Chlors binden und seiner Zweckbestimmung entziehen. Man muß daher mit der dem Wasser zuzusetzenden Menge Chlor entsprechend höher gehen; Nikolai schlägt vor, als Minimum 10 bis 12 mg Chlor auf den Liter zuzusetzen und bei Zisternen mit besonders hohem Gehalt an den genannten Stoffen die doppelte Menge oder noch mehr in Anwendung zu bringen. Da beim Zusatz so hoher Chlormengen das Wasser den Chlorgeschmack annimmt, ist eine nachträgliche Bindung des Chlors mit Natriumsulfit notwendig; die dabei entstehenden Stoffe — Natriumsulfat und Chlornatrium — sind unschädlich und in den geringen Mengen, um die es sich hier handelt, auch ohne Einfluß auf den Geschmack des Wassers. Nikolai hat für seine Versuche, bei denen es ihm beispielsweise gelang, die Keimzahl eines stark verunreinigten Zisternenwassers durch $3^1/_2$ stündige Einwirkung von 19 mg pro Liter Chlor und anschließendem Zusatz entsprechender Mengen von Natriumsulfit[1] von über 100000 auf 45 im ccm herabzusetzen und die vorher reichlich vorhandenen Colibakterien ganz zum Verschwinden zu bringen, übrigens nicht wie sonst üblich, Chlorkalk, sondern eine Natriumhypochloritlauge (mit einem Gehalt an wirksamen Chlor von 150 g im Liter) angewendet; diese hat den Vorzug, als klare Lösung mit dem Wasser leicht mischbar zu sein. Nikolai schlägt weiter vor, das mit der Chlorlauge versetzte Wasser mittels einer kleinen transportablen Pumpe auf die Auffangeflächen zu leiten und dann der Zisterne wieder zuströmen zu lassen, um so auch eine Desinfektion der Auffangeflächen wie auch der eventuell vorhandenen Reinigungsvorrichtungen (Filter, Schlammfänge) anzustreben.

Behördliche Fürsorge für Regenwasserzisternen.

Eine reichsgesetzliche Regelung der gesamten Wasserversorgung steht bisher noch aus. Allerdings ist für öffentliche Wasserversorgungen, gleichgültig ob sie Trink- oder Nutzwasser fördern, doch eine reichsgesetz-

[1] Man rechnet auf 1 Teil aktives Chlor rund 3·5 Teile Sulfit [Weyrauch (28)].

liche Handhabe für behördliche Maßnahmen gegeben im § 35 des Reichsgesetzes über die Bekämpfung gemeingefährlicher Krankheiten vom 30. Juni 1900; derselbe lautet:

„Die dem allgemeinen Gebrauche dienenden Einrichtungen für Versorgung mit Trink- oder Wirtschaftswasser und für Fortschaffung der Abfallstoffe sind fortlaufend durch staatliche Beamte zu überwachen.

Die Gemeinden sind verpflichtet, für die Beseitigung der vorgefundenen gesundheitsgefährlichen Mißstände Sorge zu tragen. Sie können nach Maßgabe ihrer Leistungsfähigkeit zur Herstellung von Einrichtungen der im Abs. 1 bezeichneten Art, sofern dieselben zum Schutze gegen übertragbare Krankheiten erforderlich sind, jederzeit angehalten werden.

Das Verfahren, in welchem über die hiernach gegen die Gemeinden zulässigen Anordnungen zu entscheiden ist, richtet sich nach Landesrecht."

Es wird hier also zunächst eine fortlaufende Überwachung durch staatliche Beamte angeordnet. Außerdem aber ist den Gemeinden die Beseitigung von vorgefundenen gesundheitsgefährlichen Mißständen zur Pflicht gemacht. Da eine Gefahr für die Gesundheit nicht erst dann vorhanden ist, wenn eine Krankheit tatsächlich durch das Wasser hervorgerufen wurde, sondern vielmehr schon dann, wenn überhaupt die Möglichkeit eines solchen Zusammenhangs vorhanden ist, so bedeutet obige Bestimmung eine Maßnahme vorbeugenden Charakters. Landesrechtlich — in Preußen also durch das Gesetz, betreffend die Bekämpfung übertragbarer Krankheiten, vom 28. August 1905 — ist auch das Verfahren näher bestimmt, durch welches die Durchführung dieser Maßnahmen seitens der Gemeinden sichergestellt wird.[1]

Nun dürften aber im Deutschen Reich öffentliche Regenwasserzisternen zu den Seltenheiten gehören; es überwiegt vielmehr die private, d. h. nur einem beschränkten Kreis von Personen zugängliche Regenwasserversorgung. Diese wird durch die angeführten Bestimmungen aber nicht berührt. Auch die vom Reichsgesundheitsrat entworfene und vom Bundesrat genehmigte „Anleitung für die Einrichtung, den Betrieb und die Überwachung öffentlicher Wasserversorgungsanlagen, welche nicht ausschließlich technischen Zwecken dienen", vom 18. Juni 1906, die eine Kodifizierung der wichtigsten Grundsätze aus dem Gebiete der Wasserhygiene darstellt, ohne aber Gesetzeskraft zu haben, bezieht sich, wie der Titel sagt, nur auf öffentliche Anlagen.

Die Einzelwasserversorgungen wären mithin gänzlich der privaten Willkür überlassen, wenn nicht in einzelnen Bezirken Verordnungen, deren

[1] Vgl. M. **Kirchner**, *Die gesetzlichen Grundlagen der Seuchenbekämpfung im Deutschen Reiche.* Jena 1907. S. 206.

gesetzliche Grundlage aus den allgemeinen Aufgaben der Gesundheitspolizei herzuleiten ist, die sogenannten Brunnenordnungen erlassen werden. Da die Einzelwasserversorgungen in ländlichen Bezirken eine überwiegende Rolle spielen, erscheint es auch nicht unvorteilhaft, wenn an Stelle einer generellen Regelung für das ganze Reich solche, kleine Bezirke umfassende, Polizeiverordnungen diesen Gegenstand behandeln, da es so eher möglich ist, lokalen Eigentümlichkeiten der Wasserversorgung, wie z. B. Zisternen, die ja nur in bestimmten Landesteilen vorhanden sind, Rechnung zu tragen. Kißkalt (20) hat allerdings in seiner Brunnenhygiene diese Brunnenordnungen als recht ungenügend charakterisiert; indessen muß man wohl annehmen, daß dieser Zweig der Medizinalgesetzgebung noch im Werden befindlich ist. Es hat daher in den letzten Jahren an Entwürfen für Brunnenordnungen nicht gefehlt. Ich möchte hier nennen Wevers und Fingers (52) „Versuch einer Brunnenordnung für größere Bezirke, insbesondere für das platte Land". Ferner: Ritters (38) Entwurf von Vorschriften für die Anlage von Brunnen und Zisternen, der sich eingehend mit letzteren befaßt, sowie den die Mindestforderung der Hygiene aussprechenden Vorschlag einer Brunnenordnung Kißkalts (20).

Inwieweit in den einzelnen Bezirken schon tatsächlich Bestimmungen für private Wasser- und speziell Regenwasserversorgungen erlassen sind, kann ich nicht übersehen. Ich möchte mich damit begnügen, aus der Brunnenordnung für Schleswig-Holstein (Polizeiverordnung des Regierungsbezirkes Schleswig vom 27. Dezember 1906, Amtsblatt S. 16) das Wesentliche wiederzugeben, das auf unser Thema Bezug hat: „Jede Neuanlage oder Veränderung einer öffentlichen oder privaten Wasserversorgungsanlage bedarf der Genehmigung der Ortspolizeibehörde." (§1, Abs. 1.)

Eine Bestimmung, wie sie Kißkalt (20) wünscht, nach der eine Umgestaltung aller bestehenden unvorschriftsmäßigen Anlagen binnen einer gewissen Frist zu erfolgen hat, fehlt zwar, indessen „finden auf schon bestehende Wasserversorgungsanlagen die Vorschriften insoweit Anwendung, als das Gesundheitsinteresse es erfordert" (§ 16).

2. „Das zu Trink- und Haushaltungszwecken bestimmte Regenwasser ist nur Flächen zu entnehmen, welche groben Verunreinigungen, besonders durch menschliche und tierische Auswurfstoffe nicht ausgesetzt sind" (§ 5, Abs. 5).

3. „Die Verbindung des Dachabfallrohres mit der Zisterne hat in geschlossenen wasserundurchlässigen Röhren, die nicht aus Holz sein dürfen, zu erfolgen. In die Leitung ist eine geeignete Siebeinrichtung zur Abhaltung groben Unrats einzuschalten.

Der Wasserbehälter ist wasserdicht anzulegen und sicher abzudecken. Unterirdische Behälter sind mit einer 30 cm starken Schicht von gestampftem Ton oder Lehm zu umgeben.

Überlaufrohre sind so einzurichten, daß eine Verunreinigung der Zisterne hierdurch nicht eintreten kann. Für die Lüftung des Behälters ist eine in Scharnieren bewegliche Klappe oder ein Lüftungsrohr nach Maßgabe der Bestimmungen des § 10 Abs. 4 anzubringen.

Das Wasser ist dem Behälter durch eine eiserne Pumpe oder einen Zapfhahn zu entnehmen.

Der Behälter ist so einzurichten, daß seine Reinigung bequem erfolgen kann." (§ 11.)

4. „Soweit es das Gesundheitsinteresse erfordert, können die Ortspolizeibehörden noch weitere Anforderungen, als vorstehend vorgesehen, stellen" (§ 14).

Hinsichtlich der Stellungnahme ausländischer Obrigkeiten zu Zisternenanlagen ist mir nur eine für die Herzegowina erlassene Zisternenordnung bekannt geworden, die ich in der schon mehrfach zitierten Arbeit von Weiß (50) — nach Angaben von Ballif und Hörmann — finde. In der Aufstellung einer Art „Zisternenkataster" sowie in der Heranziehung der Wasserinteressenten zur Aufsicht — also einer Selbstverwaltung — scheint sie mir zwei Gesichtspunkte von so praktischer Bedeutung zu enthalten, daß mir ihre vollständige Wiedergabe angemessen erscheint:

Vorläufige Zisternenordnung, betreffend die zu beobachtenden Bestimungen für die Listenführung, Überwachung, Erhaltung und Benutzung aller bestehenden, aus Landesmitteln ganz oder auch nur teilweise hergestellten öffentlichen Zisternen, Tränken und Quellfassungen.

1. Listenführung. Dieselbe erfolgt seitens der Bezirksämter durch genau nach beifolgendem Muster zu führende Verzeichnisse über alle in jedem Bezirksbereich befindlichen öffentlichen Zisternen, Tränken und Quellfassungen, welche entweder ganz oder auch nur teilweise mit Landesmitteln hergestellt wurden.

Die Aufstellung und Ausfüllung dieser Verzeichnisse hat durch die Bezirksämter zu erfolgen.

In den Verzeichnissen sind alle vorgeschriebenen Teile genau auszufüllen und besonders alle wichtigeren Bemerkungen einzutragen, welche behufs möglichst einwandfreier Instandhaltung der betreffenden Anlagen notwendig erscheinen.

Eins dieser Verzeichnisse hat dauernd im Bezirksamt zu bleiben. Eine Abschrift desselben mit allen Bemerkungen ist unter Beifügung einer Zeichnung im Maßstabe von 1 : 75000 Ende April und Ende Oktober jeden Jahres bei der Kreisbehörde vorzulegen. Die im Monat Oktober vorzulegenden

Zeichnungen haben nur die etwaigen Berichtigungen für die im Monat April vorgelegten zu enthalten.

Kurz vor der Vorlage dieser Abschriften hat der Straßenmeister alle Anlagen eingehend zu untersuchen und dann besonders die Nummer 10 des Verzeichnisses genau auszufüllen.

Abschriften der mit den ausgefüllten Nummern 1 bis 6 versehenen Verzeichnisse sind vom Bezirksamt am Anfang eines jeden Jahres den ihm unterstellten Straßenmeistern, Gendarmerieposten, den Forstleuten und den Steuerwachleuten zu übergeben, damit dieselben über die vorhandenen Anlagen genau unterrichtet sind.

Abschriften der von den Bezirksämtern Ende Oktober zur Vorlage kommenden Verzeichnisse sind von den Kreisbehörden dem von ihnen an die Landesregierung vorzulegenden Zisternenerhaltungsbericht beizufügen.

2. Überwachung. Jede Anlage, welche nicht an einer öffentlichen Fahrstraße gelegen ist oder von einem Straßenaufsichtsführenden (Einräumer) bewacht oder übersehen werden kann, wird vom Bezirksamte entweder den Bewohnern der zunächst gelegenen Häuser, welche in der Regel auch die hauptsächlichen Benutzer sind, oder auch einer ganzen Ortschaft zur gemeinsamen, haftbaren Überwachung zugewiesen. Die Benutzer würden bei Außerachtlassung der zu beobachtenden Vorsichtsmaßregeln nicht nur unnachsichtlich auf eigene Kosten zur Beseitigung etwaiger Mängel, sondern je nach Umständen außerdem noch zu Strafzahlungen angehalten werden.

Es wird ferner sämtlichen Angestellten des Bezirksamtes, besonders aber den Straßenmeistern, Gendarmen, den Forstleuten und den Steuerbeamten zur Pflicht gemacht, bei ihren Dienstreisen oder -gängen sich von dem Zustand der Anlagen, welche sich an den von ihnen zu berührenden Wegen befinden, möglichst genau zu überzeugen und etwaige beobachtete Mängel oder Unzukömmlichkeiten sofort dem Bezirksamt zur Anzeige zu bringen.

Auf Grund dieser beim Bezirksamt eingereichten Meldungen über vorgefundene Mängel oder sonstige Übelstände hat das Bezirksamt, soweit dies kostenlos oder im Rahmen der ihm zur Verfügung stehenden Zisternenerhaltungsgelder geschehen kann, sofort das Geeignete zur Beseitigung der Mängel zu verfügen; andernfalls ist sogleich an die Kreisbehörde Bericht unter Angabe der Gründe zu erstatten und um Abhilfe zu bitten.

3. Vorschriften für den Gebrauch. Jede Zisterne oder Quellenfassung muß derart eingefriedigt (umzäunt) sein, daß das Vieh weder in unmittelbare Nähe der Anlage gelangen, noch die Nebengebiete von der Seite, von der der Wasserzufluß erfolgt, verunreinigt werden können. Es muß daher bei jeder derartigen Anlage abseits ein Tränktrog für das Vieh aufgestellt werden, in welchen entweder bei dauernden Quellen das überlaufende Wasser geleitet oder bei Zisternen und Brunnen das Wasser hineingeschöpft wird. Das Wasser den Tieren in den gleichen Gefäßen zum Tränken zu reichen, welche zum Schöpfen aus den Zisternen oder Brunnen dienen, ist streng verboten.

Die Aufstellung und Erhaltung der Umzäunung sowie der Tröge bei den Zisternen und Quellen, welche an öffentlichen Fahrstraßen und wichtigeren Reitwegen liegen, bei denen diese Vorkehrungen aus den Mitteln der

Zisternenerhaltungsgelder bestritten werden, liegt den Häusern oder Ortschaften ob, denen die betreffenden Anlagen zur Überwachung zugewiesen sind; dieselben haben den Vorschriften des Bezirksamtes, betreffend die Art der Herstellung, Folge zu leisten. Mit dem Wasserverbrauch während der regenlosen Jahreszeit muß derart gespart werden, daß, soweit als möglich, in erster Reihe der Bedarf an Trink- und Kochwasser gedeckt wird, daher z. B. das Wasser von Zisternen und Tränken, welche nur durch Regenwasser gespeist werden, nur zu diesen Zwecken, keinesfalls aber zum Waschen oder Begießen von Pflanzen oder Blumen und dergleichen verwendet werden darf.

4. Strafen. Übertretungen dieser Zisternenordnung werden, wenn sie nicht unter das Strafgesetz für Bosnien und die Herzegowina fallen, mit einer Geldstrafe von 1 bis 20 Gulden, im Falle der Zahlungsunfähigkeit mit einer Freiheitsstrafe von 6 Stunden bis 4 Tagen bestraft.

Die Geldstrafe ist sogleich zu entrichten oder sicher zu stellen. Bei Beschädigung der Anlagen ist der Schuldige außerdem auch zur Tragung der Schadensersatzkosten zu verurteilen. Gegen das vom Bezirksamt als erster Instanz zu fällende Strafurteil steht die Berufung an die Kreisbehörde als zweite und letzte Instanz binnen 8 Tagen vom Tage der Verkündigung oder Zustellung des Erkenntnisses offen.

Für die Listenführung dient folgendes Muster (siehe nächste Seite):

Einige Typen von Zisternenanlagen.

Nach Erörterung der allgemeinen Voraussetzungen, die beim Bau einer Regenwasseranlage zu berücksichtigen sind, liegt die Frage nahe, welche Wege die Praxis in dieser Hinsicht eingeschlagen hat. Zwar ist hierüber in der mit zur Verfügung stehenden Literatur nicht allzuviel enthalten, doch werden einige Proben immerhin eine Übersicht über die zurzeit vorhandenen Zisternentypen zu geben imstande sein.

Eine im österreichischen Küstenlande vielfach vorhandene Regenwasserversorgungsanlage ist die einfache Kesselzisterne, die ich einer kürzlich erschienenen Abhandlung F. Nikolais (31) entnehme[1] (Fig. 5). Bemerkenswert an ihr sind: einmal ihre oberirdische Bauart — freistehend oder auch wohl an eine Hauswand auf deren Schattenseite angelehnt, sich 2 bis 3 m über den Erdboden erhebend —, die ihre Ursache hat in der felsigen Beschaffenheit des dortigen Baugrundes, und andererseits der völlige Verzicht auf alle Reinigungsvorrichtungen.[2] Als Vorteile dieser Konstruktion müssen ihre Übersichtlichkeit sowie der Umstand genannt werden, daß eine Verschmutzung des Zisterneninhaltes durch unbeabsichtigte Zu-

[1] Für die liebenswürdige Überlassung dieser und der folgenden Abbildungen danke ich den genannten Autoren wie den betreffenden Verlägen verbindlichst.

[2] Die in Fig. 5 wiedergegebene Füllung mit Kies sowie die Anordnung einer Zapfstelle am Boden sind von dem genannten Autor angegebene Verbesserungen des Originalmodells.

Seite 1. **Bezirk** . . . .

Verzeichnis

der **auf Landeskosten** neu **aufgeführten**, wieder nutzbar gemachten oder ausgebesserten Zisternen, Tränken und Quellenfassungen

Seite **2 ff.**

Nr.	Nähere Bezeichnung der Anlage und ihrer Lage	Bauart, ob Gewölbe oder offen	Fassungsraum in cbm	Die dauernde Beaufsichtigung der Anlage wurde zugewiesen	Die nach Bedarf, nötigenfalls jährlich im Herbst vor Eintritt d. Regenzeit, vorzunehmende Reinigung der Anlage hat zu besorgen	Die Anlage wurde besichtigt			Bestätigung über die erfolgte Reinig. der Anlage oder sonstige Bemerkung des Straßenmeisters.
						Datum	Name des Besichtigenden	Hierbei festgestellte Mängel usw.	
1.	2.	3.	4.	5.	6.	7.	8.	9.	10.

Anmerkung: Die Nummern 1 bis 6 sind ein für allemal auszufüllen, die Nummern 7 bis 9 von Fall zu Fall, die letzte Nummer 10 vom Straßenmeister unmittelbar vor der Vorlage des Verzeichnisses an die Kreisbehörde (Zeit: Ende April und Ende Oktober eines jeden Jahres).

flüsse von der Erdoberfläche ausgeschlossen erscheint, als Nachteil vor allem, daß das Wasser schutzlos allen Temperaturschwankungen preisgegeben ist. Reinigungsvorrichtungen ließen sich — ebenso wie eine hygienisch günstigere Entnahme des Wassers — auch bei der oberirdischen Bauweise anordnen; indessen wird die Beschaffenheit des Wassers in erster Linie doch durch das Maß der Sauberkeit der Auffangeflächen bestimmt; das zeigen einige von Nikolai mitgeteilte Ergebnisse der chemischen Wasseruntersuchung, die in einigen Fällen nur einen sehr niedrigen Permanganatverbrauch (5 bis 6 lmg) sowie mäßige Mengen von Chloriden

Fig. 5.

(6 bis 11 lmg) ergab, während Nitrite und Ammoniak ganz fehlten und die Keimzahlen auffällig niedrig waren (48 bis 100 Keime); letzteres dürfte allerdings auch in der durch die Zeit der Entnahme bedingten niedrigen Temperatur (Mitte März) wenigstens zum Teil seine Erklärung finden. Nikolai betont übrigens, daß solche günstigen Ergebnisse bei diesen einfachen Zisternen als Ausnahme anzusehen seien und regt eine Verbesserung dieses Zisternentyps durch Anordnung einer am Boden der Zisterne belegenen Zapfstelle sowie durch teilweise Füllung des Kessels mit gewaschenem Kies mit nach oben abnehmender Korngröße an.

Der erwähnte Nachteil der oberirdischen Bauart dürfte allein schon genügen, um diesen Zisternentypus als nicht vorbildlich erscheinen zu lassen.

Fig. 6 zeigt weiter im Querschnitt und Grundriß eine venetianische Zisterne, die ich mit Genehmigung des Verlages dem Werke Lueger-Weyrauch (28): „Die Wasserversorgung der Städte" entnehme. Weitere bildliche Darstellungen des gleichen Gegenstands, die sich im wesentlichen mit der hier wiedergegebenen decken, finden sich in Rubners Lehrbuch der Hygiene und in der eingangs erwähnten Mitteilung Werners (51). Die äußere architektonische Ausgestaltung dieser Zisternen ist aus der auf S. 22 wiedergegebenen Figur der Zisterne in Capo d'Istria ersichtlich.

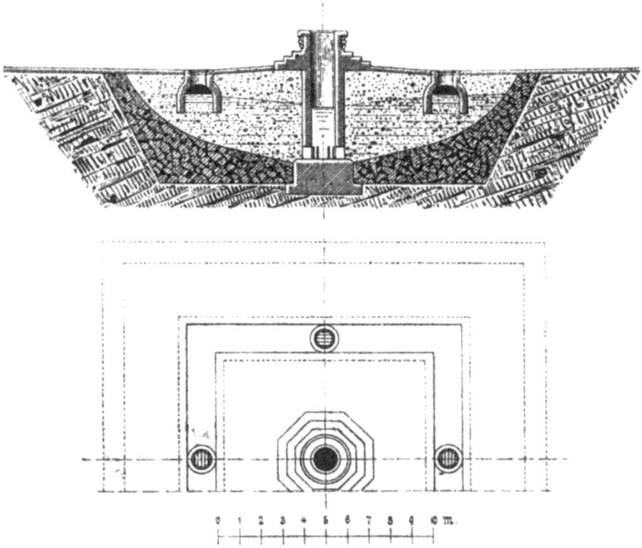

Fig. 6.
Venetianische Zisterne.

Das Regenwasser wird bei diesen Anlagen auf einer steinernen Fläche, in deren Mitte sich die Schöpfstelle befindet, aufgefangen, und durch am äußern Rande derselben gelegene Sturzlöcher in einen wasserdicht abgeschlossenen, nach unten sich verjüngenden Raum geleitet, der mit Seesand gefüllt ist. In diesem versickert das Wasser, gibt die in ihm suspendierten Unreinigkeiten ab und tritt dann durch Schlitze in einen zentral gelegenen Brunnenschacht, aus dem es mittels Schöpfens entnommen wird.

Diese Zisternen wurden, wie nach Werner (51) aus einem dem Jahre 1303 entstammenden Dokumente hervorgeht, schon damals in gleicher Weise angelegt; daß sie sich in der Praxis bewährt haben, könnte man aus ihrer unverändert Jahrhunderte überdauernden Anwendung schließen. Auch Werner ist der Ansicht, daß ihre Anlage gut und nur ihre Pflege schlecht gewesen sei, und daß Infektionen des Wassers namentlich beim Eintauchen der Wassereimer eingetreten seien. Bei aller Achtung vor einem altbewährten Prinzip muß aber doch zur Kritik gesagt werden, daß es unlogisch erscheint, zuerst eine starke und unkontrollierbare Verunreinigung des Wassers auf der zum Betreten freigegebenen Sammelfläche zuzulassen, und dann diese Verunreinigung durch eine Art Filtration zu bekämpfen. Da die Einschleppung von Krankheitskeimen auf dem Wege über die Sammelfläche mindestens ebenso leicht möglich war, wie die von Werner gerügte durch Eintauchen der Eimer, kann zudem die Filtration auch nicht als absolut sicherer Schutz angesehen werden. Weitere Nachteile waren die Entnahme mittels Eimer statt mit einer Pumpe und das Fehlen eines Überlaufes. Beide ließen sich bei Neuanlagen dieser Art natürlich vermeiden, während die Trennung der Auffangefläche von der Zugangsmöglichkeit zu der zentralen Entnahmegelegenheit wohl nur in der Weise denkbar wäre, daß erstere auf ein die ganze Anlage baldachinartig überwölbendes Dach verlegt würde. Die Herstellungskosten dürften dadurch allerdings erheblich gesteigert werden. Indessen scheint mir überhaupt der Grundgedanke dieses Typs, den mit Sand völlig ausgefüllten Filterraum gleichzeitig — bis auf die in den Brunnenschacht übertretende, verhältnismäßig geringe Menge — als Aufbewahrungsraum zu verwenden, von wirtschaftlichem Standpunkte nicht glücklich zu sein, da der dem Wasser so zur Verfügung stehende Raum entsprechend dem Porenvolumen dieser Filtermasse, auch im günstigsten Falle höchstens etwa 50 Prozent ausmachen kann. Es wird also so die notwendige Größe der Anlage unverhältnismäßig gesteigert. Daß im übrigen eine langsame Sandfiltration trotz der großen zur Verwendung kommenden Sandmenge infolge des wechselnden Zustromes des Regens nicht gewährleistet ist, sei weiterhin hervorgehoben. Auch die Möglichkeit der Reinigung des Zisterneninhaltes ist nicht befriedigend: eine baldige Übersättigung des Sandes mit organischen Stoffen ist zu befürchten.

Vom hygienischen Standpunkte aus ist es also nicht zu empfehlen, die venezianische Zisterne nachzuahmen. Allerdings gibt Weyrauch (28) eine Modifikation derselben an (Fig. 7), die manche der geschilderten Nachteile vermeidet und für spezielle Zwecke geeignet erscheint. Wie die Figur zeigt, ist die Entnahmestelle bei dieser Zisterne an den tiefsten Punkt des zentralen Brunnenschachtes verlegt, von wo die Weiterleitung mit natürlichem Gefälle zu einer ganz außerhalb der Zisterne belegenen Zapfstelle erfolgen soll. Dadurch wird die Auffangefläche für ihre besondere Bestimmung frei; sie ist nicht mehr der regelmäßigen Verschmutzung ausgesetzt, und kann durch entsprechende Maßnahmen dem Verkehr entzogen werden. Damit entfällt das Hauptbedenken, das gegen die venetianische Zisterne geltend gemacht wurde; der Vorwurf der schlechten Raumausnutzung und Reinigungsmöglichkeit muß aber aufrechterhalten werden. Immerhin wird in den Fällen, wo das Regenwasser ohne Benutzung von Hausdächern in einer gewissen Entfernung von der Zapfstelle aufgefangen

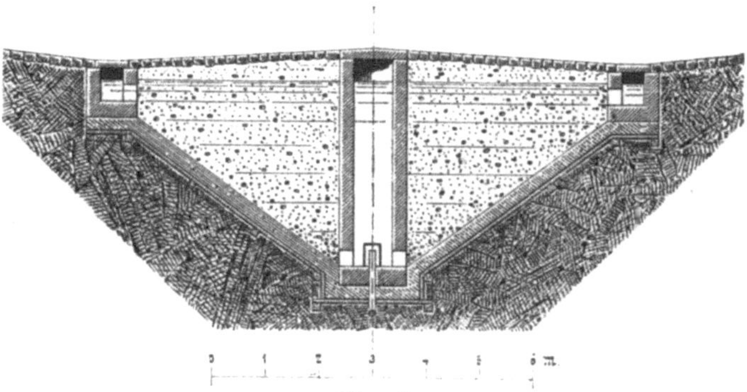

Fig. 7.
Zisterne nach venetianischem Prinzip mit einwandfreier Auffangefläche.

werden muß und wo natürliches Gefälle vorhanden ist, diese Zisterne, bei der Auffangefläche, Reinigungsraum und Sammelbecken in eins zusammengezogen sind, eine brauchbare Lösung des Problems darstellen.

Die Verlegung des Reinigungsprozesses in einen besonderen Raum dürfte manche Vorteile bieten, wie z. B. bessere Raumausnutzung und be-

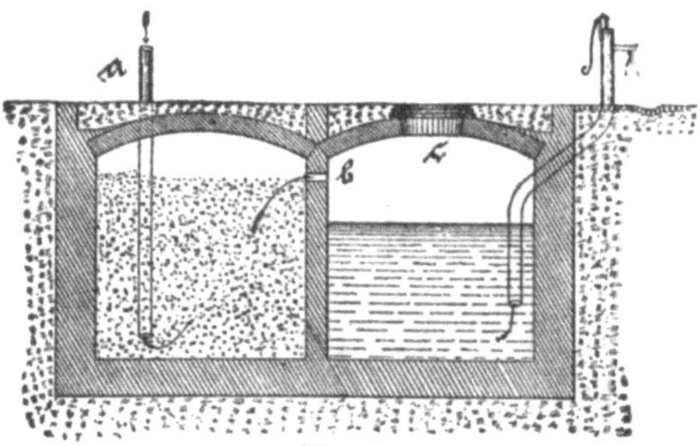

Fig. 8.
Zisterne mit Vorreinigung (nach Gärtner).

sonders die Möglichkeit, eine Säuberung der Reinigungskammer vornehmen zu können, ohne dabei das Sammelbecken und somit auch die Wasserentnahme außer Betrieb setzen zu müssen. Eine solche Zisterne mit Vorreinigung gibt A. Gärtner (12) an (Fig. 8): Das durch das Regenrohr *a* in die Tiefe der Vorkammer geführte Wasser passiert eine Art Sandfilter von unten nach oben und tritt durch den Überlauf *b* in das Sammelbecken, aus dem es durch eine Pumpe gehoben wird. Beide Räume wären durch ein Mannloch zugängig zu machen — bei der Filterkammer dürfte es versehentlich nicht in die Zeichnung aufgenommen worden sein. Daß

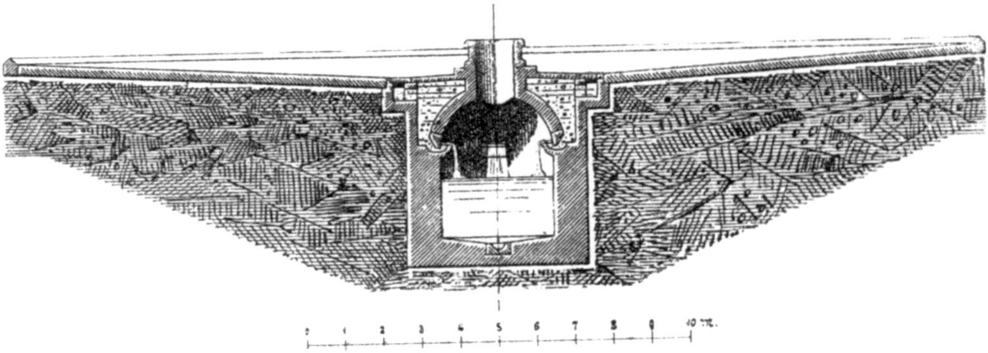

Fig. 9.
Syphonzisterne.

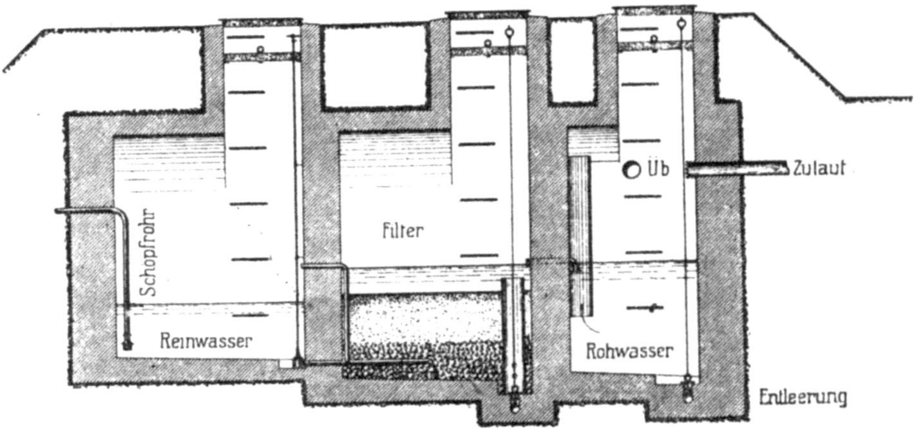

Fig. 10.
Filterzisterne nach Forchheimer.

auch hier nicht eine regelrechte langsame Sandfiltration geplant wurde, zeigt die Anordnung des Wasserdurchtrittes von unten nach oben, die offenbar den Zweck hat, außer der mechanischen Reinigung gleichzeitig auch die Sedimentierung in Wirkung treten zu lassen.

Ebenfalls die Anordnung einer vom Wasser, von unten nach oben, zu passierenden Sandsperre, weisen die sogenannten Syphonzisternen auf [Fig. 9 nach Weyrauch (28)]. Die mit Sand gefüllten Syphons sind seitlich auf halber Höhe, zwischen Auffangefläche und Wasserspiegel, neben dem Aufbewahrungsraum angebracht. Weyrauch tadelt an diesem Modell die Kleinheit des Reinigungsraumes, lobt aber die Anordnung insofern, als beim Absturz des Wassers aus dem Syphon in das Sammelbecken die Wasserteilchen ausgiebig gelüftet werden. Eine Reinigung der Syphons scheint mir, soweit aus der Zeichnung ersichtlich, überhaupt nicht vorgesehen zu sein.

Auf das Bestreben, die einzelnen Reinigungsvorgänge, wie Sedimentierung und Schönungsfiltration, im einzelnen noch mehr zur Wirkung kommen zu lassen, dürfte die Dreiteilung der Zisternenanlage in Vorkammer — für die Sedimentierung, Filterkammer und Sammelraum zurückzuführen sein, wie sie der Entwurf Forchheimer's (10) in Prausnitz' Atlas und Lehrbuch der Hygiene (Fig. 10) zeigt. „Der Einlauf findet hier so statt, daß zunächst die groben Körper, wie Holzstücke, Blätter in einer Vorkammer, und später die Schwebestoffe durch ein Filter zurückgehalten werden. Vorkammer und Filter sind behufs Reinigung genügend leicht zugänglich, wenn auch ein eigentlicher Filterbetrieb, der auch Keime zurückhalten muß, nicht in Aussicht genommen ist.“ Da diese Anlage auch mit sonstigen Einzelheiten, wie Überlauf (Üb), Bodenablässen, doppelten Verschlüssen der Zugangsschächte gut ausgestattet ist, so ist sie vom hygienischen Standpunkte den vorhergehenden Mustern überlegen. Dementsprechend dürften allerdings auch die Anlagekosten höher sein. Eine einfachere Anordnung nach dem gleichen Prinzip der Dreiteilung aber mit, im Verhältnis zum Sammelraum erheblich kleinerer, Vor- und Filterkammer gibt Weyrauch (28) als Regenwasserversorgungsanlage für ein Bahnwarthaus in Istrien wieder.

Während bei den bisherigen Zisternen die Reinigung des Wassers vor dem Eintritt in den Aufbewahrungsraum erfolgte, findet dieser Vorgang bei den sogenannten amerikanischen Zisternen in Verbindung mit der Entnahme des Wassers statt. Das Entnahmerohr der Pumpe ist zu diesem Zweck mit einem Filterkorb umgeben, der mehrere konzentrische Schichten von Sand mit von außen nach innen zunehmender Korngröße birgt. Bei der Beschickung des Filterkorbes mit den verschiedenen Sandschichten werden zu diesem Zweck in ihn zylindrische Blechhülsen eingestellt, die nach dem Einfüllen wieder entfernt werden. Die äußere Korbwand besteht aus einem gelochten Blech, das mit einem sehr feinen Drahtgewebe ausgefüttert ist. Das Saugrohr der Pumpe ist mit Schlitzen versehen, um den Eintritt des Wassers zu ermöglichen. Fig. 11 zeigt eine solche Zisterne in Längs- und Querschnitt [nach Weyrauch (28)]. Die Erneuerung des Filters ist hier in der Weise gedacht, daß der durch horizontale Einschnitte in einzelne Abteilungen zerlegbare Filterkorb abschnittsweise durch die Einsteigeöffnung zutage gebracht wird. Das Entnahmerohr wird, soweit es im Filter steckt, außerhalb der Zisterne in dem Korbe angebracht und nach Einstellung des Ganzen in die Zisterne durch eine Verschraubung an das Pumprohr angeschlossen. Weyrauch gibt an, daß an Stelle dieser umständlichen und die Wasserversorgung unterbrechende Reinigungs-

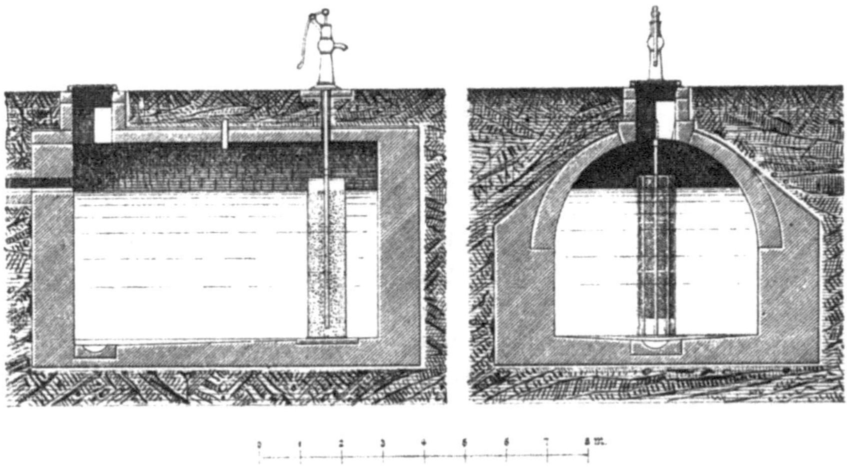

Fig. 11.
Amerikanische Filterzisterne.

möglichkeit, die Anordnung einer besonderen Öffnung in der Zisternendecke zwecks Entfernung und Wiedereinsetzung des ganzen Filterkorbes mittels eines Hebewerkes möglich wäre. Diese Konstruktion scheint auch unbedingt praktischer: sie ist in den Einzelheiten durchkonstruiert zu finden in der Arbeit von L. Kropf (25): Das System einer amerikanischen Zisterne. Von einer Wiedergabe dieses Entwurfes mußte hier Abstand genommen werden.

Auch die von mir entworfene Skizze einer Zisterne mit Einrichtung zur leichten Entfernung des Sediments (vgl. S. 40, Fig. 3) würde die Anbringung eines Filterkorbes in dem seitlich gelegenen besonderen Schacht für das Entnahmerohr gestatten. Die Anordnung würde hier eine besonders günstige sein, da die gelegentliche Hebung des Filterkorbes keinerlei Störung des im Hauptraum gespeicherten Wassers nach sich ziehen würde, was, wie an geeigneter Stelle schon betont, für die Klärung des Wassers durch Absitzen wichtig erscheint. Ich glaube, daß diese Konstruktion für Hauszisternen, und um solche dürfte es sich ja in der Mehrzahl der Fälle handeln, gegenüber den sonstigen Typen den Vorzug größtmöglicher Einfachheit hat und dabei doch den hygienischen Anforderungen, wie Reinigung durch schnelle und ungestörte Sedimentierung, leichte Entfernung des Sediments, ferner Grobfiltration zwecks Schönung des Wassers bei leichter Reinigungsmöglichkeit des Filters, zu entsprechen imstande wäre.

Bei allen amerikanischen Zisternen muß die Entnahmestelle in einer größeren Höhe über der Sohle des Beckens gelegen sein, da ja infolge Fehlens einer besonderen Vorreinigung mit einem erheblichen Sediment gerechnet werden muß. Als Nachteil der Filtration nach dieser Anordnung wurde schon der mäßige Reinigungserfolg infolge der nur geringen Dicke der filternden Sandschicht erwähnt. Da aber, wie betont, es sich bei allen Filterzisternen nur um eine Entfernung größerer, im Wasser suspendierter Bestandteile handeln kann, scheint mir dieser Punkt nicht allzusehr ins Gewicht zu fallen. Ein weiterer Nachteil wäre dagegen der, daß die Bindung der freien Säure des Regenwassers durch die eventuell im Sande vorhandenen Alkalien hier erst beim Austritt des Wassers aus der Zisterne erfolgt; die Säure würde ihre angreifende Wirkung auf die Zisternenwandungen also noch auszuüben Gelegenheit haben, während bei vorheriger Filtration das Wasser beim Eintreten in den Aufbewahrungsraum bereits neutralisiert ist.

Die Regenwasserversorgungsanlage im Kieler Hygienischen Institut und ihre Ergebnisse.

Die Möglichkeit, mir ein praktisches Urteil über die Vorzüge und Nachteile einer Regenwasserversorgung zu verschaffen, bot mir die Anlage einer solchen im Hygienischen Institut in Kiel; diese wurde im Frühjahr 1915 von dem damaligen Leiter des Instituts, Geh. Rat Prof. B. Fischer, als sein letztes Werk vor seinem im August des gleichen Jahres erfolgten Tode erbaut.

Ebenso wie bei vielen anderen Anlagen im Institut, z. B. den Ventilations- und Abwässerbeseitigungseinrichtungen, hatte Fischer auch in diesem Falle mehrere Ziele gleichzeitig im Auge. Mit Berücksichtigung der Tatsache, daß ein nicht geringer Teil der Kieler Medizinstudierenden den Marschgegenden entstammt, sollte hier für den Unterricht ein mustergültiges Demonstrationsobjekt geschaffen werden, dann aber sollte auch Gelegenheit gegeben werden, in praktischen Versuchen Erfahrungen über die an Regenwasserleitungen zu stellenden Forderungen der Hygiene zu sammeln, schließlich aber auch den chemischen und bakteriologischen Laboratorien des Instituts an Stelle des Leitungswassers ein an fremden Bestandteilen verhältnismäßig armes Wasser zur Verfügung gestellt werden.

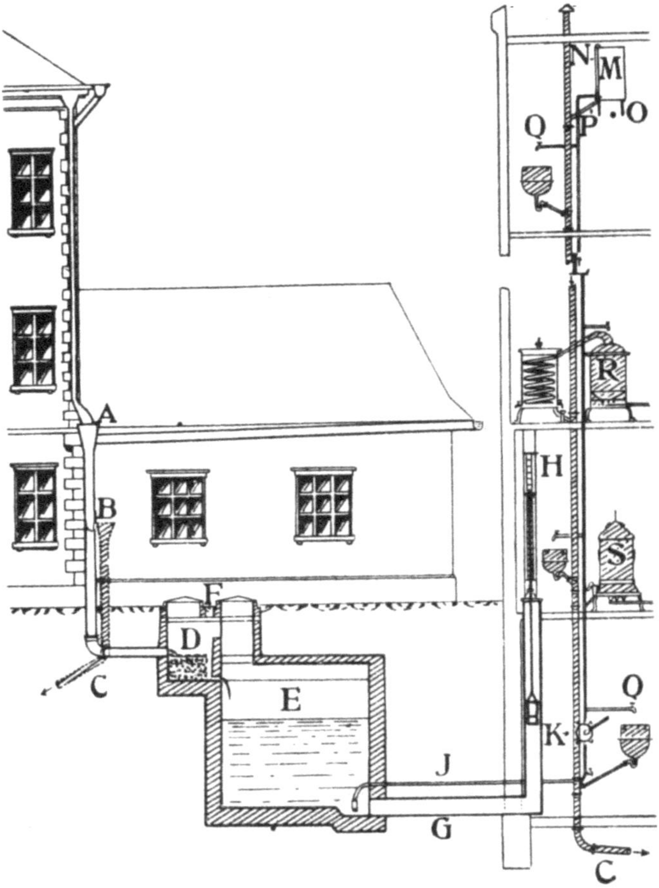

Fig. 12.
Regenwasserversorgung im Hygienischen Institut zu Kiel, nach B. Fischer.
A Regenwassersammelrohr, *B* Umschaltvorrichtung, *C* Schmutzwasserablaufrohr, *D* Filterkammer, *E* Zisterne, *F* Verschlußkappe, *G* Verbindungsrohr, *H* Wasserstandsmesser, *J* Saugrohr, *K* Flügelpumpe, *L* Druckrohr, *M* Sammelbehälter, *N* Überlaufsrohr, *O* Schweißschale, *P* Anschluß-Schmutzwasserleitung, *Q* Entnahmestellen, *R* Destillierapparat, *S* Dampftopf.

Wie Fischer bei möglichst geringem Kostenaufwand dieser dreifachen Aufgabe gerecht zu werden gesucht hat, und welche Erfahrungen sich in nunmehr reichlich zweijährigem Betriebe ergeben haben, dürfte zur Ergänzung und Begründung des bisher Gesagten nicht ohne Interesse sein.

Die Anlage, die von Ingenieur Wallis in Kiel zum Preise von rund 650 Mark ausgeführt wurde, befindet sich im Hofe des Instituts. Der Hof ist — von einem schmalen Zugang abgesehen — auf allen Seiten von Gebäuden umgeben und liegt daher den weitaus größten Teil des Tages im Schatten. Weiteren Schutz gegen unerwünschte Sonnenbestrahlung gewähren einige Büsche, die in die den Wasserbehälter bedeckende Erdschicht gepflanzt wurden. Über die Einzelheiten der Anlage gibt die beigefügte Skizze, die für Lehrzwecke angefertigt wurde, eine schematisierte Übersicht (Fig. 11).

Die Dachfläche, welche für die Sammlung des Regenwassers in Frage kommt, umfaßt eine Anzahl geneigter, größtenteils mit geteerter Pappe, zum Teil aber auch mit Schiefer belegter Ebenen, deren Flächeninhalt — auf die Ebene projiziert — etwa 300 qm beträgt. Ihre Lage ist für den gedachten Zweck insofern recht günstig, als nur ein kleiner Teil dieser Fläche von einem anderen Flügel des Instituts überhöht wird und infolgedessen nur verhältnismäßig wenige Fenster diesen Dachflächen zugekehrt sind. Die Gelegenheit zu einer Verunreinigung derselben durch Hinauswerfen oder Hinausgießen von Unrat irgendwelcher Art ist also — abgesehen von dem besonderen Zweck des Gebäudes, das in den betreffenden Teilen unbewohnt ist, — recht gering.

Das von diesen Dachflächen ablaufende Regenwasser wird einem Sammelrohr *A* zugeführt; dieses wird in seinem senkrechten Verlaufen an der Mauer eines der den Hof einschließenden Gebäude in etwa Mannshöhe über dem Erdboden durch eine Umschaltevorrichtung *B* unterbrochen. Sie besteht aus einer drehbaren Drosselklappe mit einer Ablaufschale, die in das Abführungsrohr der Schutzwasserableitung mündet. Durch einen Handgriff kann der Wasserstrom statt in die Regenwasserversorgungsanlage in die Abwässerung geleitet werden. Es soll damit die Möglichkeit gegeben werden, einer Überfüllung des absichtlich nur in mäßigen Grenzen gehaltenen Sammelbehälters bei plötzlich eintretenden großen Niederschlagsmengen (Wolkenbrüchen) leicht vorbeugen zu können; vor allem soll aber auch nach langer Trockenheit das erste abfließende Wasser, das natürlich die auf dem Dache angesammelten Staub- und Schmutzteilchen mit sich führt, so von der Anlage ferngehalten werden können.

Wird die Umschaltung nicht gewünscht, so fließt das Regenwasser im Rohr *A* weiter in die mit ihrer Sohle etwa 1·50 m unter dem Erdboden gelegene Filterkammer *D*, welche durch einen schlitzförmigen an, der Sohle gelegenen Auslauf mit der eigentlichen Zisterne *E* in Verbindung steht. Die Wände beider Räume bestehen aus Beton, der wasserdicht verputzt ist. Sowohl von der Filterkammer *D*, wie auch von der Zisterne *E* führt je ein Schacht von 50 cm Durchmesser (*F*) über die Erde; ihre sich etwa 40 cm über das Erdniveau erhebenden oberen Ausgänge sind mit einer übergreifenden, verschließbaren Zinkblechkappe bedeckt. Es wird so ein bequemer Einblick in diese beiden wesentlichen Teile der Anlage ermöglicht, ebenso wie auch die Zugangsmöglichkeit für Reinigungszwecke und Ausbesserungszwecke gegeben ist.

Die Filterkammer hat eine Grundfläche von 0·50 zu 0·75 m. Durch eine Verteilungsrinne, die in unserer Zeichnung durch die an der Oberfläche des Filters verlaufende Doppellinie mit ausgezähntem oberen Rande angedeutet ist, wird das von *B* kommende Wasser auf das Filter geleitet, das oben aus Sand von 3 mm Korngröße, dann weiter von 5 mm und schließlich aus grobem Kies gebildet wird. Die Gesamtschichtdicke beträgt etwa 30 cm.

Nach Passieren des Filters gelangt das Wasser durch den erwähnten Schlitz in die Zisterne *E*; sie stellt einen Hohlzylinder von 2·20 m Durchmesser und 2·20 m lichter Höhe dar, von der aber nur 2·0 m als nutzbare Höhe gelten können, da die Verbindung mit der Filterkammer 2·0 m über der Sohle gelegen ist. Der nutzbare Rauminhalt der Zisterne beträgt demnach rund 7·6 cbm. Filterkammer und Zisterne sind mit einer 80 cm hohen, mit Rasen und Sträuchern bepflanzten Erdschicht bedeckt.

Diese Aufschüttung sowie der Schutz vor direkter Sonnenbestrahlung, den die geschützte Lage im Hofe, sowie im Sommer das Laubwerk der Sträucher gewähren, gestatteten, von dem ursprünglichen Plane, die Zisterne brunnenartig auszubilden, so daß die Sohle 6·0 m unter dem Erdboden gelegen hätte, Abstand zu nehmen, wodurch eine Kostenersparnis von etwa 150 Mark erzielt wurde.

In einer peripher gelegenen Vertiefung am Boden der Zisterne ist das mit der Wand abschließende, innen heiß asphaltierte Verbindungsrohr *G* zu dem im Erdgeschoß des Instituts — und zwar in der Nährbodenküche — angebrachten Wasserstandsmesser *H* eingelassen. Verbindungsrohr und Zisterne stellen ein U-Röhrensystem dar; ein Schwimmer im Verbindungsrohr ist nach oben durch eine Meßlatte verlängert und zeigt auf einer Skala den jeweiligen Wasserstand an. In der erwähnten Vertiefung am Boden der Zisterne mündet außerdem der Kopfteil *J* des verzinkten Pumpsaugsrohr *L*, durch das eine für Handbetrieb eingerichtete Flügelpumpe *K* das Wasser aus der Zisterne in einen im höchsten Teil des Instituts, dem meteorologischen Beobachtungsturm, angebrachten Behälter *M* drückt. Dieser, ein verzinkter Eisenzylinder von 80 Liter Inhalt, ist aus gutem

Grunde in so mäßigen Abmessungen gehalten, da die Notwendigkeit einer öfteren Erneuerung seines Inhalts einem allzulangen Aufenthalt des Wassers in ihm und den dadurch möglicherweise bedingten Schädlichkeiten vorbeugt. Bei *N* ist dieser Behälter mit einem Überlaufrohr versehen; der Querschnitt desselben ist wesentlich geringer gehalten, als der des Zuleitungsrohres. Infolgedessen kann, wenn der Behälter zum Überlaufen gefüllt ist, das Wasser nicht in der Menge ablaufen, wie die Pumpe zuzuführen bestrebt ist, so daß der erhöhte Widerstand die Pumparbeit wesentlich erschwert. Es wird so auf einfache Weise dem die Pumpe Handhabenden das Zeichen gegeben, seine Tätigkeit einzustellen. Zum Auffangen des bei warmer Außentemperatur an dem kälteren Sammelbehälter sich niederschlagenden Schweißwassers ist eine Schweißschale *O* unter dem Sammelbehälter angeordnet, die durch das Rohr *P* mit der Schmutzwasserleitung verbunden ist.

Außer zu dem Sammelbehälter führt das Rohr *L* zu den in allen Stockwerken reichlich angeordneten Zapfstellen. Mit Rücksicht auf die praktischen Verwendungsmöglichkeiten befinden sich solche, durch andersfarbigen Anstrich gegenüber den natürlich auch vorhandenen Anschlüssen an die städtische Wasserleitung gekennzeichnet, bei allen Waschgelegenheiten (*S*), um ein angenehmes und seifesparendes Waschwasser zur Verfügung zu haben, dann aber auch in den einzelnen Laboratorien in nächster Nähe der Apparate, zu deren Speisung das Regenwasser besonders geeignet ist; diese sind in der Skizze durch einen Destillierapparat (*T*) und einen Kochschen Dampftopf vertreten. Es werden aber in Wirklichkeit außerdem noch zahlreiche andere Apparate — Schimmelbuschsche Sterilisatoren, Buddenbergsche Dampftöpfe u. a. m. — mit diesem Wasser gespeist.

Nachdem die Anlage eine mehr als $1^1/_2$ jährige Betriebsdauer hinter sich hat, erscheint es angängig, sich ein Urteil über ihre Leistungsfähigkeit zu bilden.

Was zunächst die technische Ausführung angeht, so ist festzustellen, daß sie sich im allgemeinen im Verhältnis zu den aufgewendeten Kosten gut bewährt hat. Bei Neuanlagen dürfte — wie später näher darzulegen sein wird — besonderes Gewicht auf die Güte des den Sammelbehälter auskleidenden Betons, sowie auf die Vermeidung der Berührung des Wassers mit Eisenteilen zu legen sein. Beide Forderungen sind in ihrer Wichtigkeit wohl erkannt worden, aber praktisch nicht genügend zum Ausdruck gekommen. Das Zisternenwasser leidet nämlich, wie schon im vorigen gelegentlich erwähnt wurde, an einem starken Geruch und Geschmack nach Mörtel, der das Wasser als kaum genießbar erscheinen läßt.

Dies beruht auf einer Aufnahme von Kalk aus den Zisternenwandungen, die in einer Erhöhung des Calciumsgehalts von etwa 3 lmg auf rund 60 lmg zum Ausdruck kommt; es handelt sich um Lösung von Calciumhydroxyd — eine Erscheinung, die bei allen in frisch in Gebrauch genommenen Zementbehältern aufbewahrten Wässern vorkommt. Zementierte Behälter müssen daher so lange mit Wasser gefüllt unbenutzt stehen bleiben, bis der gesamte überschüssige Kalk in Lösung gegangen ist. Diese Vorsichtsmaßregel ist hier in der Tat verabsäumt worden, was, wenn die Regenwasserversorgung zur Trinkwasserlieferung hätte gebraucht werden müssen, von unangenehmen Folgen begleitet gewesen wäre. Die Dauer dieser Auslaugung kann sich nach Roth (40) über Jahre erstrecken, je nach der Herkunft des Zements und der Dicke der daraus hergestellten Wände. In Anbetracht der hiermit verknüpften Ungewißheit, wäre vielleicht bei Neubauten eisernen Tanks, die innen, wie die Trinkwasserbehälter auf Seeschiffen, durch eine dünne und daher schnell auslaugende Zementschicht, und außen durch eine der erwähnten Rostschutzfarben gegen Angriffe zu schützen wären, der Vorzug zu geben. Durch Anbringung eines Schutzanstrichs auf der Innenwand der Zementbehälter würde nicht viel gewonnen werden, da solche erst aufgetragen werden, nachdem die Auslaugung vollendet ist, da sie sich sonst in Blasen und Quaddeln von der Unterlage abheben, so daß eine Schutzwirkung nicht erreicht wird.[1]

Ebensowenig ist es in vorliegendem Falle gelungen, die Eisenteile der Anlage völlig dem Angriff des Wassers zu entziehen. Zwar hatte B. Fischer mit dieser Schwierigkeit, die in dem hohen Luft- bzw. Sauerstoffgehalt des Regenwassers begründet ist, gerechnet und infolgedessen die Vorsicht geübt, den Kopfteil *I* des Pumpensaugrohres *L*, sowie den Wasserbehälter *M* verzinken, und das Hausleitungsnetz aus innen heiß asphaltierten Rohren herstellen zu lassen. Trotzdem zeigt sich aber, daß das Wasser, namentlich wenn es einige Zeit, z. B. über Nacht, in der Leitung gestanden hat, eine erhebliche Menge Eisenrost enthält. Wie schon auf S. 36 dargelegt, ist auch ein völliger Abschluß des Eisens durch den Asphaltanstrich nicht zu erwarten; diesem Übelstand wäre dadurch abzuhelfen, daß bei Regenwasserversorgungen entweder auf längere Rohrleitungen Verzicht geleistet wird, oder der störende Eisenocker an den Zapfstellen durch kleine Hausfilter abgefangen wird, oder schließlich nur verzinkte Rohre zur Verwendung kommen. Die letztere Lösung scheint die vollkommenste, wenn auch wohl die teuerste. Eine Lösung des Zinks wäre in vorliegendem Falle wohl kaum zu befürchten, da das Regen-

[1] **Weyrauch**, a. a. O. S. 230.

wasser — von der Aufnahme von Kalk abgesehen — seinen nicht sehr erheblichen Säuregehalt nach meinen oben mitgeteilten Versuchsergebnissen beim Passieren der Sandsperren größtenteils verlieren dürfte. Bei der Verwendung von Hausfiltern ist zu befürchten, daß sie durch die beträchtlichen Mengen in ihnen sich ansammelnden Eisenschlammes sehr bald reinigungsbedürftig würden. Ein völliger Verzicht auf die Hausleitung aber dürfte namentlich bei mehrstöckigen Häusern große Unbequemlichkeiten im Gefolge haben.

Im übrigen haben sich bisher keine Beanstandungen hinsichtlich der technischen Ausführung der Anlage ergeben.

Weiterhin sind mit Rücksicht auf die Bedarfsfrage die Abmessungen der Anlage, namentlich der Auffangefläche sowie des Aufbewahrungsraumes E, nachzuprüfen, da im Ernstfalle die Sicherstellung der benötigten Wassermengen von grundlegender Wichtigkeit ist.

B. Fischer hatte mit einem monatlichen Wasserbedarf von 8 cbm gerechnet. Dies erscheint für den Zweck eines Hygienischen Instituts viel, findet aber seine Begründung darin, daß in sämtlichen Laboratorien alle die Apparate mit Regenwasser gespeist werden sollten, bei denen durch Kesselsteinbildung Störungen eintreten können, wie z. B. bei den Buddenbergschen Dampftöpfen, oder bei denen aus dem gleichen Grunde ein Verlust an Heizmaterial stattfindet. Außerdem aber war in der Zeit, in der das Institut bis zur äußersten Grenze seiner Leistungsfähigkeit mit der Herstellung von Cholera- und Typhusimpfstoff in Anspruch genommen war, die Beschaffung der notwendigen Mengen von physiologischer Kochsalzlösung bzw. von dem ihr zugrunde liegenden destillierten Wasser trotz Vorhandenseins zweier Destillierapparate nur durch Hinzunahme käuflichen destillierten Wassers möglich. Letzteres ist aber verhältnismäßig teuer, außerdem aber chemisch nicht genügend rein und zudem durch Sporen tragende Bakterien verunreinigt, die die Impfstoffgewinnung unangenehm erschweren. B. Fischer plante daher, die Kochsalzlösung aus sterilisiertem Regenwasser herzustellen — eine Maßnahme, die hinsichtlich der Beschaffung der nötigen Menge wie auch der Preiswürdigkeit sicher als vorteilhaft zu bezeichnen ist. Ein täglicher Bedarf von 250 Litern wären in diesen Zeiten des Hochbetriebes durchaus im Bereiche der Möglichkeit gewesen. Praktisch ist die Probe auf die Bewährung der Anlage in quantitativer Hinsicht nicht zur Ausführung gekommen, da der Institutsbetrieb seither wieder in normale Grenzen zurückgekehrt ist. Immerhin wird der nachstehenden Berechnung, die gleichzeitig der Erläuterung und kritischen Würdigung der auf S. 27ff. im Anschluß an Lueger wiedergegebenen Grundsätze für die Größenbemessung von solchen Anlagen dienen soll, die geplante Leistung von 8 cbm für den Monat zugrunde zu legen sein. Ich möchte hervorheben, daß B. Fischer sich nur schätzungsweise eine Vorstellung von den erforderlichen Ausmaßen verschafft hat, was hier ja auch für ein betriebsfähiges Modell durchaus zulässig ist; im Ernstfalle dagegen könnten etwaige Trugschlüsse in dieser Hinsicht den Wert der Anlage gänzlich in Frage stellen.

Nach Lueger (27) wäre, da es sich um eine das ganze Jahr hindurch in gleichmäßigem Betrieb befindliche Zisterne handelt, bei der Berechnung folgendermaßen zu verfahren:

Zugrunde zu legen ist die Regenmenge eines trocknen Jahres, sowie der normale Verbrauch. Als trocknes Jahr habe ich das Jahr 1915 — das Baujahr der Zisterne — gewählt, das bekanntlich durch eine mehrmonatige Dürre gekennzeichnet war; die Gesamtregenhöhe in Kiel betrug in diesem Jahr 639 mm, blieb also hinter dem allgemeinen Durchschnitt für Kiel von 679 mm [nach L. Weber (47)] nicht unerheblich zurück. Der normale Verbrauch ist im vorliegenden Falle nach den obigen Ausführungen mit 8 cbm für jeden Monat gegeben; in der Praxis der Hauswasserversorgung dürfte aber der monatliche Wasserverbrauch sich nicht so gleichmäßig gestalten, vielmehr dürfte er in der heißen Zeit viel höher anzusetzen sein als im Winter. Den Abgang für Verdunstung usw. habe ich in Übereinstimmung mit meinen Ausführungen auf S. 27 mit 0·7 angenommen. Es würde also — wenn Q den Gesamtwasserbedarf eines Jahres, F die mindestens notwendige Auffangefläche, h die Regenmenge und μ den Abgang für Verdunstung usw. bedeutet — sich die Gleichung ergeben: $Q = \mu \,.\, F \,.\, h$ oder, da F gesucht wird, für die Auffangefläche:

$$F = \frac{Q}{0{\cdot}7 \,.\, h}, \text{ oder } F = \frac{96}{0{\cdot}7 \,.\, 0{\cdot}639} = 214 \text{ qm}.$$

Die der weiteren Berechnung zugrunde liegende Größe der Auffangefläche würde also 214 qm betragen. Wie würde sich bei der derartigen Bemessung die Bilanz zwischen Zufuhr und Verbrauch für die einzelnen Monate stellen? Rechnung I gibt hierüber Auskunft, indem für die einzelnen Zeitabschnitte die Gesamtzufuhr nach der Formel $q = 0{\cdot}7 \,.\, F \,.\, h$ bestimmt, und der Verbrauch im gleichen Zeitraum in Abzug gebracht wurde (s. Rechnung I).

Spalte 5 von links zeigt, daß, abgesehen von einem kleinen Überschuß im Januar, nur negative Differenzen vorhanden sind, die am Jahresschlusse durch die große Zufuhr im Dezember wieder ausgeglichen werden. Die Dachfläche ist also nicht groß genug; sie würde nur ausreichend sein, wenn die Differenzen $q - v$ sämtlich ein positives Ergebnis hätten. Um

Rechnung I.

Monat	Regenmenge 1915	Zufuhr bis Ende	Verbrauch bis Ende	Vorrat am Ende	Verhältnis von Defizit zum Verbrauch in Proz.
Januar	0·057	q_1 =0·7.214.0·057= 8·5	v_1 = 8	$q_1 - v_1$ = + 0·5	—
Februar	0·020	q_2 =0·7.214.0·077=11·5	v_2 = 16	$q_2 - v_2$ = − 4·5[2]	27·1[2]
März	0·055	q_3 =0·7.214.0·132=19·8	v_3 = 24	$q_3 - v_3$ = − 4·2	17·5
April	0·029	q_4 =0·7.214.0·161=24·1	v_4 = 32	$q_4 - v_4$ = − 7·9	24·7
Mai	0·057	q_5 =0·7.214.0·218=32·6	v_5 = 40	$q_5 - v_5$ = − 7·4	18·5
Juni	0·055	q_6 =0·7.214.0·272=40·7	v_6 = 48	$q_6 - v_6$ = − 7·3	15·2
Juli	0·064	q_7 =0·7.214.0·337=50·5	v_7 = 56	$q_7 - v_7$ = − 5·5	9·8
August	0·083	q_8 =0·7.214.0·420=62·9	v_8 = 64	$q_8 - v_8$ = − 1·1	1·7
September	0·025	q_9 =0·7.214.0·445=66·7	v_9 = 72	$q_9 - v_9$ = − 5·3	7·3
Oktober	0·026	q_{10}=0·7.214.0·471=70·6	v_{10} = 80	$q_{10} - v_{10}$ = − 9·4	1·2
November	0·040	q_{11}=0·7.214.0·511=76·5	v_{11} = 88	$q_{11} - v_{11}$ = − 11·5[1]	13·1
Dezember	0·128	q_{12}=0·7.214.0·639=95·9	v_{12} = 96	$q_{12} - v_{12}$ = − 0·1	
Sa.	0·639				

nun zu ermitteln, um wieviel die Auffangefläche zu vergrößern ist, hat man nach **Lueger** die oben ermittelte Größe F mit einem Faktor $m > 1 - \frac{a}{q_n}$ zu multiplizieren, wobei a die größte der vorhandenen Negativen bedeutet; außerdem wäre noch in Rechnung zu ziehen, daß Verbrauch und Zustrom niemals gerade eben aufgehen dürfen, sondern daß vielmehr ein Restbestand in der Zisterne für Aufnahme des Sediments verbleiben muß, um so mehr, als nach den auf S. 39 entwickelten Grundsätzen die Mündung des Entnahmerohres so hoch über der Zisternensohle gelegen sein muß, daß eine Ansaugung des Bodensatzes ausgeschlossen ist; eine völlige Leerung der Zisterne wäre also auch technisch unmöglich. Bei der Kieler Anlage ist allerdings im Gegensatz hierzu durch Verlegung des Saugkopfes an die tiefste Stelle die größtmöglichste Ausnützung ihres Fassungsvermögens angestrebt worden. Wie später noch darzulegen sein wird, hat sich das aber als durchaus unvorteilhaft erwiesen. Für die Berechnung ist daher angenommen worden, daß der Saugkopf in einer Höhe von 0·3 m — was das allermindest Notwendige wäre — über der Sohle gelegen wäre. Dies würde gestatten, die Zisterne bis auf einen Rest von ungefähr 1 cbm zu entleeren. Um diesen Restbestand (V) wäre die Differenz a noch zu vermehren, so daß sich $m = 1 + \frac{a + V}{q_n}$ ergeben würde. Als größte Differenz erscheint in Rechnung I das Ergebnis am Ende November $q - v = -11·5$ cbm. Mithin wäre $m = 1 + \frac{11·5 + 1}{76·5} = 1·1634$, mithin $F = F . m = 214 . 1·1634$,

[1] Größtes absolutes Defizit (**Lueger** und **Weyrauch**).

[2] Größtes relatives Defizit.

= 249 qm. Legt man diese Größe wiederum der Berechnung der Bilanz für die einzelnen Zeitabschnitte zugrunde, so ergiebt sich Rechnung II.

Rechnung II.

Monat	Zufuhr bis Ende	Verbrauch bis Ende	Vorrat am Ende
Januar	$q_1 = 0 \cdot 7 \,.\, 249 \,.\, 0 \cdot 057 = 9 \cdot 9$	$v_1 = 8$	$q_1 - v_1 = + 1 \cdot 9$
Februar	$q_2 = 0 \cdot 7 \,.\, 249 \,.\, 0 \cdot 077 = 13 \cdot 4$	$v_2 = 16$	$q_2 - v_2 = - 2 \cdot 6$
März	$q_3 = 0 \cdot 7 \,.\, 249 \,.\, 0 \cdot 132 = 23 \cdot 0$	$v_3 = 24$	$q_3 - v_3 = - 1 \cdot 0$
April	$q_4 = 0 \cdot 7 \,.\, 249 \,.\, 0 \cdot 161 = 28 \cdot 1$	$v_4 = 32$	$q_4 - v_4 = - 3 \cdot 9$
Mai	$q_5 = 0 \cdot 7 \,.\, 249 \,.\, 0 \cdot 218 = 38 \cdot 0$	$v_5 = 40$	$q_5 - v_5 = - 2 \cdot 0$
Juni	$q_6 = 0 \cdot 7 \,.\, 249 \,.\, 0 \cdot 272 = 47 \cdot 4$	$v_6 = 48$	$q_6 - v_6 = - 0 \cdot 6$
Juli	$q_7 = 0 \cdot 7 \,.\, 249 \,.\, 0 \cdot 337 = 58 \cdot 7$	$v_7 = 56$	$q_7 - v_7 = + 2 \cdot 7$
August	$q_8 = 0 \cdot 7 \,.\, 249 \,.\, 0 \cdot 420 = 73 \cdot 2$	$v_8 = 64$	$q_8 - v_8 = + 9 \cdot 2$
September	$q_9 = 0 \cdot 7 \,.\, 249 \,.\, 0 \cdot 445 = 77 \cdot 6$	$v_9 = 72$	$q_9 - v_9 = + 5 \cdot 6$
Oktober	$q_{10} = 0 \cdot 7 \,.\, 249 \,.\, 0 \cdot 1471 = 82 \cdot 11$	$v_{10} = 80$	$q_{10} - v_{10} = + 2 \cdot 1$
November	$q_{11} = 0 \cdot 7 \,.\, 249 \,.\, 0 \cdot 511 = 89 \cdot 0$	$v_{11} = 88$	$q_{11} - v_{11} = + 1 \cdot 0$
Dezember	$q_{12} = 0 \cdot 7 \,.\, 249 \,.\, 0 \cdot 639 = 111 \cdot 3$	$v_{12} = 96$	$q_{12} - v_{12} = + 15 \cdot 3$

Hieraus ergibt sich die überraschende Tatsache, daß die Anlage immer noch, und zwar in den Monaten Februar bis Juni, mit einem Defizit arbeitet. Nach den von Lueger angegebenen Grundsätzen, sowie auch nach den von ihm in seinem praktischen Beispiel erhaltenen Ergebnissen wäre das nicht zu erwarten gewesen. Der gemachte Fehler liegt darin, daß nicht die absolut größte Differenz zwischen Zufuhr und Verbrauch in die Formel $m = 1 + \frac{a + V}{q_n}$ einzusetzen ist, sondern die relativ größte Differenz, d. h. dasjenige Defizit, das im Verhältnis zum Verbrauch am Ende des betreffenden Zeitabschnitts das größte ist. Ich habe deshalb in Rechnung I, Spalte 6 von links das Verhältnis von Defizit zum Verbrauch prozentisch berechnet angegeben. Man sieht, daß dieses Verhältnis Ende Februar mit 27·1 Prozent des Verbrauchs fast doppelt so ungünstig war, wie das am Ende November mit 13·1 Prozent. Die Bilanz der Zisterne gestaltete sich also Ende Februar am ungünstigsten, und daher war das Defizit dieses Zeitpunktes in unsere Formel einzufügen; man erhält dann

$$m = 1 + \frac{4 \cdot 5 + 1}{11 \cdot 5} = 316 \text{ qm.}$$

Rechnung III ist auf dieser Voraussetzung aufgebaut (s. Rechnung III):

Negative Differenzen sind nicht mehr vorhanden, die Zisterne balanciert auch nach der verhältnismäßig ungünstigsten Periode so, daß immer noch genau der eiserne Bestand von 1 cbm gedeckt ist.

Da nach dem Wortlaut der Ausführungen Luegers (27), die unverändert in Luegers und Weyrauchs (28) neues Handbuch der Wasser-

Rechnung III.

Monat	Zufuhr bis Ende	Verbrauch bis Ende	Vorrat am Ende
Januar	$q_1 = 0 \cdot 7 \,.\, 316 \,.\, 0 \cdot 057 = 12 \cdot 6$	$v_1 = 8$	$q_1 - v_1 = 4 \cdot 6$
Februar	$q_2 = 0 \cdot 7 \,.\, 316 \,.\, 0 \cdot 077 = 17 \cdot 0$	$v_2 = 16$	$q_2 - v_2 = 1$
März	$q_3 = 0 \cdot 7 \,.\, 316 \,.\, 0 \cdot 132 = 29 \cdot 2$	$v_3 = 24$	$q_3 - v_3 = 5 \cdot 2$
April	$q_4 = 0 \cdot 7 \,.\, 316 \,.\, 0 \cdot 161 = 35 \cdot 6$	$v_4 = 32$	$q_4 - v_4 = 3 \cdot 6$
Mai	$q_5 = 0 \cdot 7 \,.\, 316 \,.\, 0 \cdot 218 = 48 \cdot 2$	$v_5 = 40$	$q_5 - v_5 = 8 \cdot 2$
Juni	$q_6 = 0 \cdot 7 \,.\, 316 \,.\, 0 \cdot 272 = 60 \cdot 2$	$v_6 = 48$	$q_6 - v_6 = 12 \cdot 2$
Juli	$q_7 = 0 \cdot 7 \,.\, 316 \,.\, 0 \cdot 337 = 74 \cdot 5$	$v_7 = 56$	$q_7 - v_7 = 18 \cdot 5$
August	$q_8 = 0 \cdot 7 \,.\, 316 \,.\, 0 \cdot 420 = 93 \cdot 6$	$v_8 = 64$	$q_8 - v_8 = 29$
September	$q_9 = 0 \cdot 7 \,.\, 316 \,.\, 0 \cdot 445 = 98 \cdot 4$	$v_9 = 72$	$q_9 - v_9 = 26 \cdot 4$
Oktober	$q_{10} = 0 \cdot 7 \,.\, 316 \,.\, 0 \cdot 471 = 104 \cdot 2$	$v_{10} = 80$	$q_{10} - v_{10} = 24 \cdot 2$
November	$q_{11} = 0 \cdot 7 \,.\, 316 \,.\, 0 \cdot 511 = 113 \cdot 0$	$v_{11} = 88$	$q_{11} - v_{11} = 25 \cdot 0$
Dezember	$q_{12} = 0 \cdot 7 \,.\, 316 \,.\, 0 \cdot 639 = 141$	$v_{12} = 96$	$q_{12} - v_{12} = 45 \cdot 0$

versorgung der Städte übergegangen sind, man in den oben erwähnten Fehler verfallen kann, so erscheint es wünschenswert, daß bei Neuauflagen dieses grundlegenden Werkes eine Fassung gefunden wird, die den in unserem Falle vorliegenden Verhältnissen Rechnung trägt.

Ich möchte ferner noch darauf hinweisen, daß man in einer nach meinem Dafürhalten noch einfacheren Weise unter Beiseitelassung des Koeffizienten m die nach Rechnung I für notwendig befundene Vergrößerung der Auffangefläche **direkt** bestimmt; man berechnet nämlich gemäß der Grundformel für F, welche Auffangefläche nötig wäre, um die fehlende Wassermasse, die wir mit d bezeichnen wollen— man hat natürlich auch hier sich an den relativ ungünstigsten Zeitabschnitt zu halten —, vermehrt um den eisernen Bestand V, bei einer Regenhöhe h gleich dem im gewählten Zeitabschnitt gefallenen Regen zu liefern: $F = \frac{d + V}{\mu \cdot h_n}$. In unserem Falle wäre also $F = \frac{4 \cdot 5 + 1}{0 \cdot 7 . 0 \cdot 077} = 102$ qm. Die zunächst angenommene Auffangefläche $F = 214$ wäre also um 102 qm zu vergrößern; das ergiebt wiederum 316 qm.

Nach dieser Abschweifung zu unserm Thema zurückkehrend, ist festzuhalten, daß die notwendige Dachfläche, um einen monatlichen Verbrauch von 8 cbm zu ermöglichen, nach den Ergebnissen des Jahres 1915 auf 316 qm hätte bemessen werden müssen. B. **Fischer** hat eine solche von reichlich 300 qm — auf die Ebene projiziert — bereitgestellt, ist also damit unserer Forderung sehr nahe gekommen.

Die zweite Frage ist: Wie groß muß der Fassungsraum der Zisterne sein, um den unter den angenommenen Bedingungen an sie herantretenden Forderungen zu genügen? **Lueger** (27) [und ebenso **Weyrauch** (28)] sagt darüber: „Diejenige der Differenzen $q - v$, welche den größten (numerischen) Wert annimmt, gibt den mindestens erforderlichen Wasserinhalt der Zisterne an. Würde man die letztere kleiner wählen, so könnten nicht einmal alle Niederschläge des trocknen Jahres, also noch viel weniger jene anderer Jahre durch die Zisterne gesammelt werden.“ Nach Rechnung III ist die größte Differenz und somit das nötige Fassungsvermögen der Zisterne 45 cbm (am Jahresschluß) — und das bei einem Bedarf von 8 cbm für den Monat.

Man könnte annehmen, daß die abnormen Niederschlagsverhältnisse des Jahres 1915, das im Dezember eine sechsfach so hohe Niederschlagsmenge aufzuweisen hatte wie im Februar, für dieses die Unkosten der Zisterne ganz erheblich steigernde Ergebnis verantwortlich zu machen sind. Aber abgesehen davon, daß man bei solchen Wahrscheinlichkeitsberechnungen gut tut, mit abnormen Verhältnissen zu rechnen, wird das Ergebnis nicht viel anders, wenn man ein Durchschnittsjahr zugrunde legt. Ich habe bei der nachstehenden Rechnung IV mich an die durchschnittlichen Regenmengen in Kiel — errechnet aus den Ergebnissen der Jahre 1850 bis 1895 nach L. Weber (46) — gehalten, wobei ich die oben errechnete Größe der Auffangefläche unverändert ließ.

Rechnung IV:

Monat	Durchschnittliche Regenmenge mm	Zufuhr bis Ende	Verbrauch bis Ende	Vorrat am Ende
Januar	48·4	$q_1 = 0\cdot7.316.0\cdot0484 = 10\cdot7$	$v_1 = 8$	$q_1 - v_1 = 2\cdot7$
Februar	38·5	$q_2 = 0\cdot7.316.0\cdot0869 = 18\cdot2$	$v_2 = 16$	$q_2 - v_2 = 2\cdot2$
März	44·4	$q_3 = 0\cdot7.316.0\cdot1313 = 29\cdot0$	$v_3 = 24$	$q_3 - v_3 = 5\cdot0$
April	36·2	$q_4 = 0\cdot7.316.0\cdot1675 = 37\cdot1$	$v_4 = 32$	$q_4 - v_4 = 5\cdot2$
Mai	47·2	$q_5 = 0\cdot7.316.0\cdot2147 = 47\cdot5$	$v_5 = 40$	$q_5 - v_5 = 7\cdot5$
Juni	62·7	$q_6 = 0\cdot7.316.0\cdot2774 = 61\cdot4$	$v_6 = 48$	$q_6 - v_6 = 13\cdot4$
Juli	72·7	$q_7 = 0\cdot7.316.0\cdot3501 = 77\cdot5$	$v_7 = 56$	$q_7 - v_7 = 21\cdot5$
August	75·1	$q_8 = 0\cdot7.316.0\cdot4252 = 94\cdot0$	$v_8 = 64$	$q_8 - v_8 = 30\cdot0$
September	67·4	$q_9 = 0\cdot7.316.0\cdot4926 = 109\cdot4$	$v_9 = 72$	$q_9 - v_9 = 37\cdot4$
Oktober	70·7	$q_{10} = 0\cdot7.316.0\cdot5633 = 124\cdot6$	$v_{10} = 80$	$q_{10} - v_{10} = 44\cdot6$
November	56·9	$q_{11} = 0\cdot7.316.0\cdot6202 = 137\cdot6$	$v_{11} = 88$	$q_{11} - v_{11} = 49\cdot6$
Dezember	58·9	$q_{12} = 0\cdot7.316.0\cdot6791 = 150\cdot2$	$v_{12} = 96$	$q_{12} - v_{12} = 54\cdot2$

Es zeigt sich, daß auch dieses Normaljahr unserer Wasserversorgung Überschüsse liefern würde, die das Vielfache des geforderten Bedarfs darstellen. Da das von Lueger und Weyrauch befürwortete Fassungsvermögen — in unserm Falle nach Rechnung III 45 cbm — nach den Ergebnissen des Durchschnittsjahres fast stets völlig oder doch zum größten Teil in Anspruch genommen werden würde, so würde die Zisterne — völlig gefüllt — Vorräte für mehr als 5 Monate, in denen also kein Tropfen Regen benötigt würde, in sich bergen. Solche Trockenperioden kommen aber bei uns nicht vor. Wollte man selbst annehmen, daß in einem Jahr jeder Monat die in dem oben erwähnten Zeitraum von 45 Jahren überhaupt für ihn festgestellte niedrigste Regenmenge aufweisen würde — die Daten entnehme ich wiederum der genannten Schrift L. Webers —, dann würde bei einer Jahresregenmenge von 352·8 mm unsere Dachfläche immer noch 78 cbm Wasser liefern. Es würde also ein Zuschuß von 19 cbm nötig sein, den die Zisterne aus dem vorhergehenden Jahre mitzubringen hätte.

Das Beispiel, an dem Lueger (27) seine Forderung begründet, weist allerdings erhebliche günstigere Zahlen auf, indem es bei einem monatigen Verbrauch, der, zwischen 120 und 300 cbm schwankend, im Durchschnitt 240 cbm beträgt, zu einem Fassungsvermögen von 396 cbm führt.

Nach meinen Ausführungen aber kann das Verfahren Luegers zur Berechnung der Zisternengröße nicht als allgemein gültig anerkannt werden, sondern nur für den Fall, daß möglichst viel Regenwasser aufgefangen werden soll, um in Zeiten des Überflusses auch mehr Wasser, als dem veranschlagten Normalverbrauch entspricht, ausgeben zu können. Ist aber nur der Normalverbrauch mit Sicherheit zu decken, so würde es meines Erachtens schon eine weitgehende Vorsicht sein, wenn man, meinem oben dargelegten Gedankengang folgend, die Differenz zwischen jährlichem Normalwasserverbrauch und dem Wassergewinn eines aus den 12 regenärmsten Monaten zusammengesetzt gedachten Jahres — nach dem Beobachtungsergebnis einer größeren Zeitperiode — als Fassungsvermögen der Zisterne festsetzt. Im vorliegenden Falle würde dieses danach 19 cbm zu betragen haben.

Die tatsächlich vorhandenen Abmessungen entsprechen einem Fassungsvermögen von 7·6 cbm. Diese Größe wäre als unbedingt zu niedrig anzusehen, wenn es sich nicht nur um eine Versuchsanlage handeln würde.

Es erscheint ohne weiteres klar, daß eine Anlage, deren Abmessungen mit einem so hohen Sicherheitskoeffizienten belastet sind, unverhältnismäßig hohe Anlagenkosten erfordert und somit unwirtschaftlich ist. Auch vom hygienischen Standpunkte ist die übermäßige Vergrößerung des Aufbewahrungsraumes unerwünscht, da bei völliger Füllung desselben ein erheblicher Teil des Wassers dauernd in der Zisterne verbleibt, ein häufiger, durchgreifender Wechsel des Inhalts, den ich früher als erstrebenswert bezeichnete, also unterbleibt.

Die Aufgabe des Konstrukteurs, den Forderungen möglichster Wirtschaftlichkeit, nicht zu seltenen Wasserwechsels und doch nach menschlichem Ermessen völliger Sicherstellung des normalen Bedarfs auf einer mittleren Linie gerecht zu werden, ist mithin eine recht schwierige; sie kann nur auf Grund eingehenden Studiums der in Frage kommenden Niederschlagsverhältnisse gelöst werden. Es erscheint daher durchaus sachgemäß, daß in der Türkei, für die die Regenwasserversorgung für lange Zeit eine große Bedeutung hat, als erster Schritt zur Hebung der Wasserhygiene eine gründliche Erforschung der klimatischen Bedingungen in die Wege geleitet ist. Auch in Dalmatien sind seinerzeit zur Beschaffung der nötigen Unterlagen 40 Regenwasserstationen über das Land verteilt worden (Horowitz [18]).

Die Beschaffenheit des durch unsere Regenwasserversorgungsanlage gewonnenen Wassers im Hinblick auf seine Eignung zum menschlichen Genuß zu beurteilen, war anfänglich insofern nicht ganz leicht, als der oben erwähnte laugenhafte Geschmack und Geruch, der der Zisternenanlage als solcher nicht zur Last gelegt werden darf, eventuell sonst noch vorhandene Geschmacks- und Geruchseigentümlichkeiten verdeckte. Erst nach Verlauf von mehr als anderthalb Jahren hat dieser Übelstand, der im Ernstfalle die Zisterne ebensolange ihrer Bestimmung entzogen hätte, nachgelassen, besonders nachdem eine Entleerung, Reinigung und Neufüllung des Wasserbehälters stattgefunden hat. Das Wasser ist nunmehr bis auf einen ganz leichten Beigeschmack nach Mörtel geschmack- und geruchlos und zwar in dem Maße, daß man es als fade und charakterlos bezeichnen muß. „Ein angenehmes Getränk ist das Regenwasser nicht“, sagt A. Gärtner mit Recht.

Die Temperatur des Zisternenwassers schwankte in mäßigen Grenzen den Jahresschwankungen der Luftwärme folgend: ein Einfrieren des Wassers ist auch in dem strengen Winter 1916/17 nicht eingetreten, in dem im allgemeinen kühlen Sommer 1916 wurde als höchste Temperatur im Wasser 12° gemessen, während in dem ungewöhnlich warmen Sommer 1917 14° erreicht wurden — allerdings bei einer Luftwärme von 27° im Schatten. Wenn also auch damit die gewöhnlich als Höchstgrenze für Trinkwasser genannte Ziffer ein wenig überschritten wurde, erscheint mir dieses Ergebnis als immerhin noch befriedigend, da es wohl weniger auf die absolute Temperatur des Wassers, als vielmehr auf das Verhältnis der Wasser- zur gleichzeitigen Außentemperatur ankommt. Der subjektive Eindruck bei der Kostprobe war jedenfalls der, daß es angenehm kühl und erfrischend sei.

Das Wasser ist, namentlich wenn es einige Tage geruht hat, klar und fast farblos, dagegen, wenn es neuen Zufluß erhalten hat, leicht getrübt und gefärbt. Das weist darauf hin, daß es zweckmäßig ist — bei größeren und besseren Zisternenanlagen wenigstens —, dem neu hinzukommenden Wasser in einem besonderen Vorraum Gelegenheit zur Reinigung durch Absitzenlassen der Schwebestoffe zu geben.

Die vorstehenden Angaben beziehen sich auf Wasserproben, die aus der Zisterne durch Schöpfen aus den oberen Schichten des Zisternenwassers gewonnen waren. Bei Entnahme aus der Hausleitung trat eine starke Verschlechterung im Aussehen des Wassers ein, die ihren Grund in der bereits gerügten unzweckmäßigen Lage des Saugkopfes der Hausleitung hat; außerdem findet in letzterer eine Zunahme des Eisengehaltes statt. Auch die Temperatur wird in der Hausleitung namentlich bei längerem Aufenthalt des Wassers im Hochbehälter *M* in unerwünschter Weise gesteigert. Man wird daher gut tun, bei der Anlage von Trinkwasserzisternen auf die in einer Hausleitung enthaltenen Bequemlichkeiten zu verzichten, da ihre Nachteile die Vorteile überwiegen. Im vorliegenden Falle war eine solche Anlage indessen mit Rücksicht auf die weiteren Verwendungsmöglichkeiten des Wassers geboten.

Von der üblichen chemischen Wasseruntersuchung war eine Entscheidung darüber, ob das gewonnene Regenwasser zum Genuß geeignet ist oder nicht, von vornherein nicht zu erwarten, da die sonst für die hygienische Beurteilung wichtigen Anhaltspunkte, wie der Gehalt an Chlor, Ammoniak, Nitriten und Nitraten, bei Zisternenwasseruntersuchungen versagen, insofern die genannten Stoffe fast regelmäßig schon im atmosphärischen Wasser vorhanden sind.

Ich glaube daher mich darauf beschränken zu sollen, die in etwa zweijähriger Beobachtungszeit gewonnenen chemischen Ergebnisse hier in der Weise kurz anzuführen, daß ich die erhaltenen maximalen und minimalen Werte mitteile, wobei zu berücksichtigen ist, daß die wenig befriedigende Lage des Entnahmerohres im Sammelbehälter die Resultate nach der ungünstigen Seite hin nicht unwesentlich beeinträchtigt hat. Das Wasser wurde regelmäßig einer Zapfstelle im chemischen Laboratorium im II. Stockwerk des Instituts entnommen (s. Tabelle nächste Seite).

Der hauptsächlichste Eindruck, den ich bei den fortlaufenden chemischen Untersuchungen erhielt, war der, daß die Beschaffenheit des Zisternenwassers starken Schwankungen ausgesetzt ist, ohne daß in ihnen ein leitendes Prinzip zum Ausdruck kommt. Namentlich konnte ich keinen Einfluß der Jahreszeiten auf die Wasserbeschaffenheit — vielleicht mit Ausnahme der Keimzahl, die im Sommer stets höher war wie im Winter — feststellen; hierbei ist allerdings zu bedenken, daß das Kieler Klima ein stark limitiertes ist, und daß im besonderen der Sommer 1916, in dem

Farbe	grau bis gelblich-braun
Durchsichtigkeit	meist etwas getrübt durch flockigen Bodensatz
Snellens Leseprobe I, zu erkennen durch eine Wassersäule,	die zwischen 7·5 und 60 cm schwankt.
Geruch / Beigeschmack	anfangs stark, später weniger, zuletzt nur noch schwach nach Mörtel.
Reaktion	anfänglich alkalisch gegen Lackmus, zuletzt schwach sauer.
Permanganatverbrauch	anfänglich sehr hoch, über 400 lmg, ging allmählich erheblich herab und schwankte zwischen 120 u. 22 lmg.
Chlor	77 bis 5 lmg.
Ammoniak	0·6 bis 1 lmg.
Salpetrige Säure	stets mindestens in Spuren vorhanden.
Salpetersäure	regelmäßig vorhanden (Spuren — starke Reaktion).
Abdampfrückstand	bis zu etwa 100 lmg.
Glühverlust	bis zu etwa 40 lmg.
Kalk	bis zu 50 lmg (in letzter Zeit meist etwa 20 lmg).
Ferriverbindungen	0·6 bis 1·5 lmg allmählich ansteigend.
Entwicklungsfähige Keime im Kubikzentimeter.	sehr stark schwankende Zahlen von 200 bis 90000.

ich einen Teil meiner Beobachtungen anstellte, durchweg sehr kühl war. Es ist aber nicht ausgeschlossen, daß in Gegenden mit extremen Temperaturen periodische Schwankungen vorkommen.

Für die anscheinend ganz willkürlichen Schwankungen der einzelnen Faktoren der chemischen Analyse sind vielmehr meines Erachtens zwei Umstände maßgebend: 1. die wechselnde Zusammensetzung des Regenwassers: wenn, wie es z. B. in Kiel der Fall ist, die Industrie sich vorwiegend im Osten und Südosten der Stadt angesiedelt hat, so werden Schwankungen im Gehalt des Regenwassers an aus den Rauchgasen stammenden Säuren zu erwarten sein; ferner dürfte bei Seewind der Gehalt an Staubbestandteilen erheblich niedriger sein als bei Landwind, 2. aber ist mit den chemischen Vorgängen im Sammelraum zu rechnen; längerer Aufenthalt des Wassers in der Zisterne ist der Mineralisierung organischer Substanz günstig, wodurch also Permanganatverbrauch und Glühverlust herabgesetzt, Nitrite und Nitrate aber vermehrt werden. Ebenso wird der Bakteriengehalt bei wechselnder Füllung und Leerung der Zisterne hoch sein, da die mit jedem Zufluß neu zugeführte organische Substanz den Keimen Nahrung und damit Lebens- und Vermehrungsmöglichkeit gewährt. Zudem dürfte ruhendes Zisternenwasser der Protozoentätigkeit günstiger sein, was wiederum zur Keimverminderung führt.

Starke Schwankungen in der Beschaffenheit des Zisternenwassers hat auch F. Nikolai beobachtet, der hierfür einige charakteristische Beispiele anführt, von denen ich eines hier wiedergeben möchte; drei aufeinanderfolgende Untersuchungen des Wassers einer kleinen, zu einem Bauernhof gehörigen Kesselzisterne ergaben folgendes:

Untersucht am	Aussehen	Organ. Subst. ($KMNO_4$-Verbrauch)	Chlor	N_2O_5	N_2O_3	NH_3	Keimzahl
17. März	klar	12·94	15·2	+	0	0	634
21. April	trüb, Bodensatz, Fäulnisgeruch	73·2	15·7	+	stark	0	—
28. Juli	klar	15·6	17·6	+	+	0	1650

Auch Drago (6), der an den Zisternen Genuas regelmäßig Keimzählungen vornahm, fand hierbei große Schwankungen, insofern in den Wasserbehältern, deren Inhalt periodischen Schwankungen unterworfen war, nach jedem Zufluß plötzliches Ansteigen und späteres Absinken der Keimzahlen stattfand.

Besonders hervorheben möchte ich noch, daß ich im hiesigen Regenleitungswasser niemals das Bact. coli fand. Das hierbei angewandte Untersuchungsverfahren bestand in der Aussaat von mehreren Kubikzentimetern des Wassers auf große Schalen des im hiesigen Untersuchungsamte bewährten Milchzucker-Chinablauagars (nach L. Bitter). Dieses Ergebnis ist insofern auffällig, als nach Ansicht anderer Autoren Zisternenwasser stets den genannten Keim enthält (A. Gärtner. F. Nikolai). Da es immerhin möglich gewesen wäre, daß in unserer Zisterne die Kolonbakterien der Konkurrenz anderer Mikroorganismen erlegen waren, habe ich mehrfach auch das vom Dach abströmende Wasser, also vor seinem Eintritt in die Filterkammer, in gleicher Weise untersucht und stets mit dem gleichen negativen Ergebnis. Wenn auch das Dach insofern eine ausnahmsweise günstige Auffangefläche darstellt, als nirgends in seiner Nähe Tauben gehalten werden, so müßte doch nach der Ansicht A. Gärtners (13) schon die unvermeidliche Verschmutzung durch die Sperlinge genügen, um dem Wasser Kolonbakterien zuzuführen. Nach meinen Befunden scheinen aber keimtötende Einflüsse, wie Austrocknung und Belichtung, hier sich in besonderem Maße geltend zu machen; die dunkle Farbe der Dachflächen, ferner ihre der Sonnenbestrahlung günstige Exposition — es handelt sich durchweg um geneigte Flächen — und schließlich der Umstand, daß die der Regenwassersammlung dienenden Teile des Daches durchweg nach Süden und Südwesten gerichtet sind, dürften für diese Annahme sprechen. Jedenfalls möchte ich danach annehmen, daß die, wenn auch vielleicht nicht gesundheitsgefährliche, so doch recht unappetitliche Verschmutzung des Zisternenwassers durch Fäkalkeime nicht zu den unvermeidlichen Nachteilen desselben gerechnet werden muß. Übrigens ist jedes Oberflächenwasser und z. B. besonders jede Talsperre der gleichen Verunreinigung ausgesetzt.

Zieht man in Betracht, daß einer im Betrieb befindlichen Zisterne bei jedem Regenfall neues Wasser von wechselnder Beschaffenheit zugeführt wird, daß ferner in der Zisterne die dort vorhandenen Mikroorganismen aus dem Tier- und dem Pflanzenreich andauernd bestrebt sein werden, das mit jedem Wasserzuwachs erneut gestörte biologische Gleichgewicht wiederherzustellen, so erhellt, daß aus diesen Gründen die chemische Wasseruntersuchung — namentlich wenn sie nur einmal stattfindet — für die hygienische Beurteilung eines Zisternenwassers keine geeignete Grundlage sein kann. A. Gärtner (13) nimmt den gleichen Standpunkt ein.

Ich habe aus der chemischen Untersuchung wohl aber dadurch Vorteil ziehen zu können geglaubt, daß ich das Wasser auf seinem Wege von der Atmosphäre über die Dachflächen durch den Aufbewahrungsraum zu den Zapfstellen, an verschiedenen Punkten hinsichtlich der unterwegs eintretenden Änderungen seiner chemischen Zusammensetzung verfolgt habe. Es wurden zu diesem Zwecke vier verschiedene Wasserproben entnommen:

I. Regenwasser — frei aufgefangen in großen sauberen, flachen Schalen.

II. Wasser, das das Dach und die zuführenden Leitungen passiert hatte, vor seinem Eintritt in die Filterkammer: Zulauf.

III. Wasser, aus dem Aufbewahrungsraum geschöpft, unter Vermeidung einer Aufrührung des Sediments: Zisternenwasser.

IV. Wasser aus einer Zapfstelle im II. Stockwerk des Instituts, das also den ganzen Weg bereits zurückgelegt hatte: Regenleitungswasser.

Diese vier Wasserproben wurden sodann der im hiesigen Institut üblichen Untersuchung unterworfen; die Ergebnisse sind in der nachstehenden Tabelle niedergelegt. Der Versuch fand im Oktober des Jahres 1916, also zu einer Zeit ziemlicher Gleichmäßigkeit der klimatischen Faktoren statt. Aus äußeren Gründen war es nicht möglich, die vier Proben zeitlich so zu entnehmen, daß die einzelnen Proben gewissermaßen Anteile des gleichen Regenfalls darstellen, vielmehr fand die Entnahme notgedrungen an verschiedenen Tagen statt. Indessen glaube ich, daß diese Untersuchung, deren Verlauf unter diesen Umständen — streng genommen — nicht ganz einwandfrei ist, immerhin zu einigen Schlüssen berechtigt.

	I Regenwasser: (frei aufgefangen)	II Zulauf: (Abfluß v. Dach u. Regenrinne aufgefangen v. Eintritt in die Filterkammer)	III Zisternenwasser: (aus dem Aufbewahrungsraum geschöpft)	IV Regenleitungswasser: (aus einer Zapfstelle im II. Stock)
Farbe:	grau	grauschwarz	leicht bräunlich	gelb-braun
Durchsichtigkeit:	leicht gefärbt	getrübt	fast klar	stark getrübt
Geruch:	fehlt	n. Staub u. Ruß	nach Mörtel	nach Mörtel
Geschmack:	fade	nach Ruß	nach Mörtel	nach Mörtel
Reaktion gegen Lackmus:	deutlich sauer	deutlich sauer	alkalisch	alkalisch
Chlor:	5 lmg	7 lmg	9 lmg	9 lmg
Schwefelsäure: (Sulfate)	9·1 lmg	7·9 lmg	19·9 lmg	18·7 lmg
Salpetrige Säure: (qualitativ)	0	0	0	deutliche Reaktion
Salpetersäure: (qualitativ-Bruzinprobe)	blaßrosa (Spur)	blaßrosa (Spur)	sof. starkrosa (mehr als 10 lmg)	sof. starkrosa (mehr als 10 lmg)
Schwefelwasserstoff:	0	0	0	0
Kalk: (gewichtsanalytisch)	2 lmg	8 lmg	57 lmg	61 lmg
Ammoniak:	0·77 lmg	1·0 lmg	Spur	0·025 lmg
Ferroverbindungen:	Spur	Spur	0	0
Ferriverbindungen:	0·1 lmg	0·6 lmg	0·15 lmg	1·01 lmg
Bleilösungsfähigkeit:	+	+	0	0
Abdampfrückstand:	34·4 lmg	113·6 lmg	130·2 lmg	163·2 lmg
Glühverlust:	18·0 lmg = 52%	62·8 lmg = 55%	47·2 lmg = 36%	62·4 lmg = 38%
Permanganatverbrauch:	37·0 lmg	35·6 lmg	22·4 lmg	30·3 lmg
Keimgehalt (im ccm)	—	3000	2000	8000

Die Haupteigenschaften des frei aufgefangenen Regenwassers (Probe I), soweit sie für diese Betrachtung in Frage kommen, sind: seine saure Reaktion, die außer auf geringe Mengen freier Kohlensäure (etwa 2 lmg), auf Mineralsäuren aus den Rauchgasen zu beziehen sein dürfte, und dementsprechend seine Fähigkeit, Blei zu lösen, ferner sein geringer Gehalt an Mineralien: Chloriden, Nitraten, Sulfaten, Kalk und Eisen; es ist ein sehr weiches Wasser, worauf — vom Kohlensäuremangel abgesehen — sein fader Geschmack beruht; auch Farbe und Durchsichtigkeit lassen zu wünschen übrig. Es enthält beträchtliche Mengen organischer Substanz, die 50 Prozent des allerdings nicht sehr erheblichen Abdampfrückstandes ausmacht und mehr als dreimal soviel Kaliumpermanganat zur Oxydation verbraucht, wie der sogenannte „Grenzwert“ für Wässer anderer Herkunft beträgt. Der Gehalt an Ammoniak ist mäßig; der Keimgehalt ist niedrig (bei einer anderen Gelegenheit wurden 20 Keime gezählt).

Auf dem Wege über die Dachflächen und durch die Fallrohre verändert sich das Wasser in einigen Punkten und zeigt vor dem Eintritt in die Filterkammer (Probe II: Zulauf) folgende Abweichungen gegen den obigen Befund: es hat sich stärker getrübt und namentlich Kohleteilchen und Ruß aufgenommen; der Abdampfrückstand ist um das Dreifache gewachsen, im gleichen Verhältnis auch die verbrennbaren Bestandteile, während der Permanganatverbrauch nicht zugenommen hat. Auch der Gehalt an Mineralien hat sich bis auf das stärkere Auftreten von Ferriverbindungen — Eisenrost — nicht verändert; der Keimgehalt beträgt 2000 im Kubikzentimeter, was in der Berührung mit den Dachflächen seine Erklärung findet.

Die aus den oberen und mittleren Schichten des Zisternenwassers entnommene Probe III zeigt einen erheblich veränderten Charakter. Das ist im wesentlichen eine Folge der schon mehrfach erwähnten Auslaugung der Zisternenwände durch Lösung des Calciumhydroxyds, das einen deutlichen Umschlag der Reaktion nach der alkalischen Seite, sowie auch den mörtelartigen Geschmack und Geruch bewirkt hat. Sehen wir von dieser sehr störenden, aber zufälligen und mit der Zeit sicher allmählich abnehmenden Beimengung ab, so ergeben sich Anzeichen für eine Reinigung des Wassers, die wohl nur zum Teil der in der Vorkammer stattgehabten Filtration, in der Hauptsache aber einer Selbstreinigung durch Sedimentierung und durch Mineralisierung organischer Substanzen zuzuschreiben ist. Der Erfolg der ersteren zeigt sich darin, daß das Wasser fast klar geworden und daß sein Gehalt an Ferriverbindungen erheblich niedriger ist als in der vorigen Probe; das Eisenhydroxyd hat sich offenbar abgesetzt. Eine teilweise Mineralisierung der organischen Substanz möchte ich daraus entnehmen, daß der Permanganatverbrauch um ein Drittel niedriger ist als zuvor, und daß der Glühverlust des um ein Geringes vermehrten Abdampfrückstandes sich erheblich vermindert hat: nur noch 36 Prozent statt vorher 55 Prozent. Im gleichen Sinne ist die stärkere Reaktion auf Salpetersäure und die Abnahme des Ammoniaks zu deuten. Um eine Ausfaulung handelt es sich aber nicht, da Schwefelwasserstoff oder andere übelriechende Beimengungen fehlen. Der Chlorgehalt ist fast unverändert; stark zugenommen hat infolge Aufnahme überschüssigen Kalks aus den Wandungen des Behälters das Calcium, und zwar in der Form von Gips, was in dem erhöhten Werte für die Sulfate seine Bestätigung findet. Die vorher festgestellten Spuren zweiwertigen Eisens sind durch Oxydation geschwunden. Auch im Geschmack und Geruch würde die erfolgte Reinigung vermutlich zutage treten, wenn sie nicht durch den mörtelartigen Geruch und Geschmack verdeckt würde; auch der Abdampfrückstand würde bei Wegfall dieser Verunreinigung wohl niedriger statt wie hier höher geworden sein. Der Umschlag der Reaktion vom Sauren ins Alkalische dürfte in der erwähnten Auslaugung der Zisternenwände seinen Grund haben. Allerdings glaube ich auf Grund meiner auf S. 32 erwähnten Laboratoriumsversuche, daß geringe Säuremengen auch beim Passieren eines Sandfilters an im Sande befindliche Alkalien abgegeben werden können.

Betrachten wir schließlich die Untersuchungsergebnisse des an der Zapfstelle im II. Stockwerk entnommenen Regenleitungswassers (IV), so finden wir nicht, wie wohl zu erwarten gewesen wäre, eine Übereinstimmung mit dem Zisternenwasser, sondern es zeigt sich vielmehr eine deutliche Verschlechterung: das Wasser ist wiederum stark getrübt; Abdampfrückstand, Glühverlust und Permanganatverbrauch, die Menge der Ferriverbindungen und namentlich auch der Keimgehalt sind stark in die Höhe gegangen; auch ist eine deutliche Reaktion auf salpetrige Säure vorhanden. Der Grund hierfür liegt darin, daß bei unserer Zisterne die Entnahme durch einen an der tiefsten Stelle, in einer noch dazu nach unten ausgesparten Nische belegenen Saugkopf erfolgt. Die Richtigkeit der früher aufgestellten Forderung, die Mündung des Pumpenrohres so hoch über die Zisternensohle zu verlegen, daß ein Ansaugen des Bodensatzes ausgeschlossen ist, kommt hier deutlich zum Ausdruck: unsere Pumpe saugt Sediment an und fördert daher stark verunreinigtes Wasser. Im übrigen deutet der vermehrte Keimgehalt und die vorher fehlende, jetzt aber deutlich vorhandene Nitritreaktion darauf hin, daß sich namentlich im Bodensatz die Mineralisierungsvorgänge abspielen, die ich oben als einen, wenn auch nicht sehr bedeutenden Teilfaktor der Selbstreinigung bezeichnet hatte.

Über den Bodensatz möchte ich noch mitteilen, daß ich ihn nach Entleerung der Zisterne, im Januar 1917, d. h. nach reichlich $1^1/_2$ jährigem Betrieb, untersucht und festgestellt habe, daß seine Menge äußerst gering war. Die den Boden bedeckende Schlammschicht war kaum einen halben Zentimeter hoch, in der Nische am Pumpsaugkopf etwas höher; die Gesamtmenge betrug auf Trockensubstanz berechnet etwa 950 g, wovon nur 28 Prozent durch Ausglühen als organische Substanz nachweisbar waren. Der Bodensatz war geruchlos und glich im Aussehen einer etwas verdünnten chinesischen Tusche — ein Vergleich, der mir deswegen zulässig erscheint, weil die mikroskopische Untersuchung ergab, daß er im wesentlichen aus Kohleteilchen und nur zum kleineren Teil aus Eisenocker bestand. Organisches Leben war nur sehr geringfügig vorhanden: es fanden sich wohl einige Algen, aber nur äußerst spärliche Bakterien und keine Protozoen. Indessen wäre es nicht angebracht, diesen günstigen Befund ohne weiteres verallgemeinern zu wollen. Wäre die Zisterne die ganze Zeit hindurch im vollen Betriebe gewesen, so würde die Menge der zugeführten absitzfähigen Bestandteile sich entsprechend höher gestaltet haben; außerdem ist auch infolge der tiefen Lage des Saugkopfes ein Teil des Bodensatzes abgepumpt worden. Andererseits ist zu bedenken, daß diese Reinigung die erste seit Inbetriebnahme der Zisterne war, daß also allerlei den Wänden noch von der Bauzeit her anhaftender Schmutz, Staub usw. zur Vergrößerung des Sediments beigetragen hat. Auch dürfte sich in der Praxis eine $1^1/_2$ jährige, von keiner Reinigung unterbrochene Betriebsperiode nicht empfehlen. Ferner erscheint es mir wahrscheinlich, daß im Hochsommer — meine auf den Bodensatz bezüglichen Beobachtungen sind Anfang Januar gewonnen, — bei höherer Temperatur das organische Leben erheblich umfangreicher sein dürfte; so fand ich den Keimgehalt bei früheren Untersuchungen höher. Indessen dürfte hierbei nicht nur die mehr oder weniger große Wärme des Wassers die Hauptrolle spielen, sondern es scheint vielmehr, nach den oben bereits erwähnten Keimgehaltsbestimmungen Dragos (6), jeder neue Zufluß eine rasch ansteigende und ebenso rasch wieder abfallende Bewegung der Keimzahl hervorzurufen. Der mit jedem neuen Zufluß verbundene Zuwachs an frischer organischer und anorganischer Substanz dürfte diesem Wachstum vorübergehend die notwendige Nahrung spenden, ähnlich wie W. Gärtner (4) das nach frischen Wandanstrichen in Trinkwasserreservoiren fand. Hygienisch dürfte dieser Vorgang bedeutungslos sein. Ganz besonders hervorheben möchte ich noch, daß ich auch im Bodensatz keinerlei Zeichen für Fäulnis feststellte; auch ergab die Methylenblauprobe nach Spitta und Weldert keinen Anhaltspunkt für noch vorhandene Fäulnisfähigkeit.

Zwei weitere Versuchsreihen der gleichen Art habe ich im Frühsommer 1917 angestellt, nachdem die Zisterne einige Zeit vorher entleert, gesäubert und neugefüllt worden war; von einer Untersuchung des freiaufgefangenen Regenwassers wurde nunmehr abgesehen. Beide Versuchsreihen folgten sich im Abstand von $3^1/_2$ Wochen und wurden unter annähernd gleichen Bedingungen vorgenommen; die Zisterne hatte in der Zwischenzeit nur geringe Zuflüsse erhalten. Die Ergebnisse beider Versuche stimmen mit denen des ersten oben wiedergegebenen Versuches in allen wichtigen Punkten dem Sinne nach vollkommen überein, so daß die gezogenen Folgerungen als zu Recht bestehend anzusehen sein dürften. Von einer ausführlichen Wiedergabe der betreffenden Protokolle glaube ich daher absehen zu sollen und möchte mich damit begnügen, diejenigen Daten anzuführen, die für die Frage der Mineralisierung bzw. Ausfaulung der organischen Bestandteile des Regenwassers von Belang sind.

29. Mai 1917

	II Zulauf	III Zisternenwasser	IV Regenleitungs-wasser
Ammoniak:	1·3 lmg	0·88 lmg	0·65 lmg
Nitrite:	Spur	Spur	Spur
Nitrate:	mehr als 1 lmg	mehr als 10 lmg	mehr als 10 lmg
Permanganatverbrauch:	56·5 lmg	16·8 lmg	18·2 lmg
Abdampfrückstand:	71·6 lmg	60 lmg	78·8 lmg
Glühverlust:	41·2 lmg	12 lmg	22·2 lmg
in %:	57 %	20 %	29 %
Schwefelwasserstoff:	0	0	0
Keimgehalt im ccm:	75	11 000	29000

22. Juni 1917

	II Zulauf	III Zisternenwasser	IV Regenleitungs-wasser
Ammoniak:	0·7 lmg	0·8 lmg	0·5 lmg
Nitrite:	0	0	9
Nitrate:	mehr als 10 lmg	mehr als 10 lmg	mehr als 10 lmg
Permanganatverbrauch:	27·0 lmg	24·21 lmg	18·8 lmg
Abdampfrückstand:	36 lmg	60 lmg	89·2 lmg
Glühverlust:	27 lmg	22·8 lmg	28·1 lmg
in %	44 %	38 %	32 %
Schwefelwasserstoff:	0	0	0
Keimgehalt im ccm:	810	1400	200

Die erste der beiden Versuchsreihen gibt wiederum ein deutliches Bild von der regen Mineralisierung der organischen Substanz innerhalb der Zisterne; man findet Abnahme des Ammoniaks, Zunahme der Nitrate, Rückgang des Permanganatverbrauches und des Glühverlustes, sowie starke Vermehrung der Keime, namentlich in den unteren Schichten der Zisterne, dabei keine Zeichen von Fäulnis. In der zweiten Untersuchungsreihe, die — wie gesagt — $3^1/_2$ Wochen später angestellt wurde, ist die Mineralisierung anscheinend im wesentlichen abgelaufen, da keine Nitrite mehr nachweisbar sind. Das starke Absinken der Keimzahlen könnte damit wohl übereinstimmen, insofern die Nährstoffe verbraucht wären.

Suchen wir aus diesen Beobachtungen Folgerungen zu ziehen, so wäre zunächst eine Verbesserung der Zisterne durch eine vorteilhaftere Lagerung des Pumpensaugkopfes anzustreben; eine Drehung des Entnahmerohrs um 180° würde denselben in größere Entfernung von der Zisternensohle bringen. Bei Neubauten wäre natürlich von vornherein dieser Fehler zu vermeiden und eine möglichst entfernt und abseits vom Bodensatz belegene Stellung des Saugkopfes vorzusehen. Ferner wäre eine schnelle Auslaugung der Zisternenwände oder ein Abschluß der Wände von der Berührung mit dem Wasser durch einen zuverlässigen Schutzanstrich wünschenswert. Eine bequeme und den Zisternenbetrieb nicht störende Reinigungsmöglichkeit für den Aufbewahrungsraum ist dagegen hier ohne fundamental bauliche Veränderungen nicht mehr möglich, indessen kann man, auch wenn auf letzteres verzichtet werden muß, nach Erfüllung der ersten beiden Wünsche auf ein Wasser rechnen, das — soweit bei einer Regenwasserversorgung überhaupt möglich — von verhältnismäßig guter Beschaffenheit ist.

Die Frage, ob das gewonnene Regenwasser für die praktischen Zwecke des Instituts, denen es nach B. Fischers Wunsch dienen sollte, brauchbar ist, kann mit gewissen Einschränkungen bejaht werden. Sein Gehalt an härtemachenden Substanzen war trotz der erwähnten Auslaugung der Wände immer noch niedriger als bei unserem Leitungswasser und ist in letzter Zeit mit dem Rückgang dieses Prozesses noch erheblich niedriger geworden (2 bis 3 deutsche Härtegrade), so daß es als Speisewasser für die verschiedenen Dampfapparate sehr geeignet ist. Auch für Waschzwecke ist es recht wertvoll; nach F. Fischer verwandeln 0.01 g Kalk im Liter Wasser = 1 Härtegrad rund 0·124 g Kernseife in unlösliche Kalkseife. Da die Differenz in der Härte des Wassers der städtischen Wasserleitung und des Regenwassers etwa 10 Grad ausmacht, so geht, wenn man mit A. Gärtner 1 kg Seife mit 0·20 Mark bewertet, auf 40 Liter bis zum Schäumen gesättigten Seifenwassers ein Pfennig an Geldeswert verloren.

B. Fischer hatte ferner, wie bereits auf S. 69 erwähnt, die Möglichkeit ins Auge gefaßt, bei der Massenherstellung von Impfstoffen der physiologischen Kochsalzlösung aus Gründen der Betriebsvereinfachung statt destillierten Wassers sterilisiertes Regenwasser zugrunde zu legen, zumal es sich herausgestellt hatte, daß das in Ballons käufliche destillierte Wasser nicht selten mit sehr widerstandsfähigen Sporen verunreinigt ist, es in dieser Hinsicht also dem Regenwasser zum mindesten nicht überlegen ist. Es wurde aber dann doch davon abgesehen, von dieser Verwendungsmöglichkeit Gebrauch zu machen, und zwar mit Rücksicht auf den hohen Gehalt des Regenleitungswassers an organischen und anorganischen Substanzen, die zum größten Teil von den Dachflächen stammen. Man hätte damit rechnen müssen, daß für stärkere Impfreaktionen, die ja gelegentlich zur Beobachtung kommen, das Regenwasser verantwortlich gemacht worden wäre, wie ja auch der sogenannte organische „Wasserfehler“ bei unangenehmen Zwischenfällen bei der Salvarsanbehandlung seinerzeit eine beträchtliche Rolle gespielt hat.

Weiter erschien es möglich, durch Destillation von Regenwasser ein besseres Ergebnis zu erzielen als durch Destillation des gewöhnlichen Leitungswassers. Es war aufgefallen, daß der Gehalt des letzteren an härtemachenden Substanzen immer noch einem Verbrauch von durchschnittlich 5 bis 8 ccm der Clarkschen Seifenlösung entsprach; in käuflichen destillierten Wässern beobachteten wir sogar bis zu 2·9 Härtegrade. Das destillierte Regenwasser dagegen beansprucht regelmäßig nur 1·5 bis 2·5 ccm der Seifenlösung. Die Härtebestimmung nach Clark in den dem Institut zur Untersuchung übergebenen Wasserproben wird durch Benutzung destillierten Regenwassers — namentlich dann, wenn die zu untersuchende Probe stark mit destilliertem Wasser zu verdünnen ist — entschieden zuverlässiger.

Andererseits zeigte das destillierte Regenwasser auch erhebliche Nachteile, die seine allgemeine Verwendung im chemischen Laboratorium ausschließen. So stellte sich sein Permanganatverbrauch auf durchschnittlich 5 lmg — undestilliert betrug er meist etwa 35 lmg —, während die entsprechenden Zahlen beim Leitungswasser 2 bzw. 20 lmg lauten. Zum Anlegen von Verdünnungen bei der Bestimmung des Permanganatverbrauches ist also dem destillierten Leitungswasser der Vorzug zu geben. Als besonders störend aber wurde der Gehalt des destillierten Regenwassers an Ammoniak empfunden, der bis zu 2·5 lmg betrug, während das Leitungswasser natürlich ganz frei davon ist.

Ihren Zweck, beim Unterricht Verständnis und Interesse für die Eigentümlichkeiten der Regenwasserversorgung zu erwecken, hat die Anlage des Krieges wegen bisher nur in beschränktem Maße erfüllen können; ihrem weiteren Beruf, zum Nachdenken und zu Versuchen über diesen hygienisch bisher wenig erforschten Gegenstand anzuregen, hat sie aber bereits zu dienen vermocht, wie die vorliegende Arbeit beweist.

Schlußwort.

Weder die von mir aus der Literatur zusammengetragenen, die Regenwasserversorgung betreffenden Tatsachen, Grundsätze und Entwürfe, noch auch meine an der Versuchsanlage des Kieler Hygienischen Instituts gemachten praktischen Erfahrungen lassen das Problem einer hygienisch zufriedenstellenden Regenwasserversorgung als restlos gelöst erscheinen; während die Notwendigkeit von Zisternenanlagen als feststehend angesehen werden muß, gehen die Meinungen über ihre grundsätzliche hygienische Zulässigkeit weit auseinander. Zwei Stimmen von anerkanntem Gewicht möchte ich als Beleg hierfür anführen: „Nach der ganzen Art der Gewinnung des Wassers kann die Regenwasserversorgung als eine gesundheitsgemäße nicht angesehen werden“ Rubner (41), und andererseits: „Das weitverbreitete Vorurteil gegen Zisternenwasser ist nicht im Wesen der Anlagen begründet“, sowie: „Wo also Zisternen richtig angelegt und unterhalten werden, aber auch nur da, kann ein Wasser von befriedigender Beschaffenheit unbedingt erwartet werden“ — Weyrauch (28, 53).

Nur die Praxis dürfte imstande sein, zwischen diesen diametral entgegengesetzten Urteilen zu entscheiden. Das Wenige, was früher an praktischen Ergebnissen bekannt geworden ist, erscheint nicht sehr ermutigend, während die Ergebnisse der Kieler Versuchsanlage einen günstigeren Eindruck hinterlassen. Aufgabe der Technik wird es daher sein müssen, die „richtige Anlage“ der Zisternen in die Wirklichkeit umzusetzen. Der Hygieniker aber wird sich meines Erachtens der Tatsache nicht verschließen dürfen, daß es Landstriche gibt, die auf eine Regenwasserversorgung unbedingt angewiesen sind, und daß es daher gilt, aus der Not eine Tugend zu machen. Eine Anpassung theoretisch unanfechtbarer Grundsätze an das Gebot der Wirklichkeit ist in der Geschichte der Wasserhygiene zudem nicht ohne Vorgang; unterscheidet doch die vom Reichgesundheitsrat entworfene und vom Bundesrat gebilligte „Anleitung für die Einrichtung, den Betrieb und die Überwachung öffentlicher Wasserversorgungsanlagen, welche nicht ausschließlich technischen Zwecken dienen“ vom 16. Juni 1906 zwischen „Muß“- und „Soll“-Vorschriften, in dem Sinne, daß erstere das unumgängliche Notwendige enthalten, während letztere das Wünschenswerte bezeichnen, von dem aber im Einzelfalle abgesehen werden darf. Ziffer 3 dieser Anleitung besagt: „Das zur Verwendung kommende Wasser muß frei sein von Krankheitserregern und solchen Stoffen, welche die Gesundheit zu schädigen geeignet sind; auch soll die Sicherheit geboten sein, daß das Wasser solche nicht in sich aufnehme. Das Wasser soll möglichst farblos, klar, gleichmäßig kühl, frei von fremdartigem Geruch und Geschmack, kurz von solcher Beschaffenheit sein, daß es gern genossen wird.“

Es sollte meines Erachtens wohl möglich sein, eine Regenwasseranlage der angeführten „Mußvorschrift“ entsprechend zu gestalten; dagegen möchte ich nicht behaupten, daß die „Sollvorschriften“ sämtlich mit Sicherheit werden eingehalten werden können. Wenn aber danach im Deutschen Reiche sogar eine öffentliche Regenwasserversorgung zulässig sein würde, so sollte man wenigstens der unter epidemiologischen Gesichtspunkten weniger bedenklichen Privatzisterne da, wo der Boden mit Wasservorräten karg bedacht ist, auch vom allgemein hygienischen Standpunkte die Existenzberechtigung nicht versagen.

Literaturverzeichnis.

1. Ballif, *Wasserbauten in Bosnien und der Herzegowina.* Wien 1896.
2. L. Bitter, *Zeitschr. f. Hyg. u. Infektionskrankh.* Bd. LXIX.
3. Brix, bei Behring, *Die Bekämpfung der Infektionskrankheiten.* Hygien. Teil. Leipzig 1894.
4. Brünn u. L. Goldberg, *Zeitschr. f. Hyg. u. Infektionskrankh.* LXXV. S. 209.
5. Büsing im *Fremdwörterbuch der öffentl. und privaten Gesundheitspflege.*
6. Drago, *Ricerche bacteriologiche intorno alle aque di cisterna.* Lavori di laboratorio dell' ufficio d'igiene di Genova 1903 (zit. in einem Referat im *Journ. d'hygiène.* Bd. XXVI. 1904. S. 1125).
7. von Esmarch, *Hygienisches Taschenbuch.* Berlin.
8. R. von Finetti, Zysternen: Studien über deren rationelle Anlage, mit besonderer Rücksicht auf den Eisenbahnbau im Karstgebiet. *Zeitschr. des österr. Ing.- u. Architekt.-Ver.* 1884. S. 59 u. 1885, S. 62.
9. Finger, *Klin. Jahrb.* Bd. XIX. S. 118.
10. Ph. Forchheimer in Prausnitz, *Atlas u. Lehrb. der Hygiene.* München.
11. Fürth, *Münchener med. Wochenschrift.* 1915. S. 841.
12. A. Gärtner, *Leitfaden der Hygiene.* Berlin. 6. Aufl.
13. Derselbe, *Die Hygiene des Wassers.* Braunschweig 1915.
14. W. Gärtner, *Journ. f. Gasbel. u. Wasserversorgung.* 1912. Nr. 37.
15. A. Gniß, Die Wasserversorgung in Istrien. *Österr. Rundschau.* 1907. Bd. XIII. S. 140.
16. Guttmann, *Viertelj. f. gerichtl. Med. u. öffentl. Gesundheitswesen.* Bd. XXXIII.
17. Herzner, *Intern. Zeitschr. f. Wasserversorgung.* 1915. S. 175.
18. Horowitz, *Allgem. Bauzeitung.*
19. *Intern. Zeitschr. f. Wasserversorgung.* Leipzig 1915. S. 90.
20. Kißkalt, *Brunnenhygiene.* Leipzig 1916.
21. Derselbe, *Zeitschr. f. Hyg. u. Infektionskrankh.* Bd. LXXX u. LXXXI. S. 508.
22. M. Kirchner, *Die* gesetzlichen *Grundlagen der Seuchenbekämpfung im Deutschen Reiche.* Jena 1907. S. 206.
23. Köppe, *Deutsche med. Wochenschrift.* 1898. S. 624.
24. Kröhnke und Müllenbach, *Das gesunde Haus.* Stuttgart 1902.
25. Kropf, *Wasser und Gas.* 1912/13. S. 73.
26. Lübker, *Reallexikon des klass. Altertums.* Leipzig 1874.
27. Lueger, *Die Wasserversorgung der Städte.* Darmstadt 1895.
28. Lueger-Weyrauch, *desgleichen.* Leipzig 1914.
29. Le Méhauté, *Revue maritime.* 1907. S. 359.

30. Mühlens, *Centralbl. f. Bakt.* Abt. I. Orig.-Bd. LXIX. S. 56.

31. Nikolai, *Archiv f. Hygiene.* Bd. LXXXVI. S. 318.

32. Nußbaum, *Leitfaden der Hygiene.* München u. Berlin 1902. S. 417.

33. Oesten in Pfeiffer u. Proskauer, *Enzyklopädie der Hygiene.* 1905. Bd. I. S. 188.

34. Paramelle, *Quellenkunde.* 1865.

35. Plehn, *Tropenhygiene.* Jena 1902.

36. Prestel bei M. Kirchner, *Lehrbuch der Militärgesundheitspflege.* Leipzig 1910. Bd. I. S. 233.

37. Riegel im *Handbuch der Gesundheitspflege auf Kriegsschiffen.* Jena 1914.

38. Ritter, *Zeitschr. f. Med.-Beamte.* 1906. Bd. IV. S. 76.

39. Rohland, *Journ. f. Gasbeleucht. u. Wasserversorgung.* 1912. Nr. 37.

40. Roth, *Das Wasser.* 1911. S. 950.

41. Rubner, *Lehrb. der Hygiene.* Leipzig u. Wien 1903.

42. Schilling, *Tropenhygiene.* Leipzig 1909.

43. Schollmayer-Lichtenberg, *Mitt. d. Musealvereins f. Krain.* 1907. XX. Jahrg.

44. Schröder, zitiert nach A. Gärtner, *Hygiene des Wassers.* 1915. S. 121.

45. Waagen, *Zeitschr. f. prakt. Geologie.* 1910. S. 229.

46. L. Weber, *Festschr. z. XXI. Vers. d. Deutschen Ver. f. öffentl. Gesundheitspflege.* Kiel 1896. S. 18.

47. Derselbe, *Schriften des Naturwissenschaftl. Ver. f. Schleswig-Holstein.* Bd. XVI. S. 318.

48. Derselbe, *Annalen der Physik.* IV. Folge. Bd. LI. S. 427.

49. Wehner, *Die Sauberkeit der Gebrauchswässer.* Frankfurt a. M. 1904.

50. Weiß, Über die Anlage von Zysternen vom Standpunkte der Gesundheitspflege aus: Manuskript 1897 in der *Bücherei des Marineärztl. Vereins zu Kiel.*

51. Werner, *Münchener med. Wochenschrift.* 1910. S. 1072.

52. Wever u. Finger, *Zeitschr. f. Med.-Beamte.* 1902. H. 6.

53. Weyrauch, *Wasserversorgung der Ortschaften.* 2. Aufl. 1916. (Samml. Göschen.)

54. Néel, Restauration des citernes de Carthage, *Le Génie civil.* Tome XIV. Premier Semestre 1888/89. S. 162 ff.

Bei Fragen zur Produktsicherheit wenden Sie sich bitte an:
If you have any questions regarding product safety,
please contact:

Walter de Gruyter GmbH
Genthiner Straße 13
10785 Berlin
productsafety@degruyterbrill.com